◎安徽大学国家级实验教学中心建设项目资助

飞腾创艺

报刊版面编辑与设计

岳 山/编著

合肥工业大学出版社

HEFEI UNIVERSITY OF TECHNOLOGY PRESS

图书在版编目(CIP)数据

飞腾创艺报刊版面编辑与设计/岳山编著. —合肥:合肥工业大学出版社,2013.11
ISBN 978 - 7 - 5650 - 1553 - 3

Ⅰ.①飞… Ⅱ.①岳… Ⅲ.①报刊—编辑工作—计算机辅助设计—应用软件
②报刊—版面—计算机辅助设计—应用软件 Ⅳ.①G213 - 39②TS881 - 39

中国版本图书馆 CIP 数据核字(2013)第 243755 号

飞腾创艺报刊版面编辑与设计

岳 山 编著   责任编辑 朱移山 魏亮瑜

出　版	合肥工业大学出版社	版　次	2013 年 11 月第 1 版
地　址	合肥市屯溪路 193 号	印　次	2013 年 12 月第 1 次印刷
邮　编	230009	开　本	787 毫米×1092 毫米 1/16
电　话	总 编 室:0551 - 62903038	印　张	20
	市场营销部:0551 - 62903198	字　数	410 千字
网　址	www. hfutpress. com. cn	印　刷	合肥现代印务有限公司
E-mail	hfutpress@ 163. com	发　行	全国新华书店

ISBN 978 - 7 - 5650 - 1553 - 3   定价：38.00 元

如果有影响阅读的印装质量问题,请与出版社市场营销部联系调换。

目　录

上篇

下篇

上 篇

第一章　报刊版面编辑的艺术

【预备知识】

简要了解报刊版面编辑的现状及编辑流程,对报刊版面编辑工作有全面的认识。了解方正飞腾创艺5.3及其发展历程,初步认识方正飞腾创艺5.3的操作界面。

第一节　报刊版面编辑概述

自报刊诞生之日起,报刊版面编辑工作随之而生,而报刊编辑中最重要的步骤就是报刊版面的编辑。我们现在所熟知的报刊版面编辑形式并非是从来如此的,而是随着报刊业的发展,为适应读者的需要,在造纸、排版、印刷技术不断进步的推动下逐渐演化而来的。

自改革开放以来,我国报纸经历了高速发展的"黄金时代",但进入新世纪后,由于数量增长过快,同质化严重,报业之间的竞争也日趋白热化。在信息高速公路日益发达的今天,如何在有限的时间、空间里,将最多的信息以最引人入胜的方式展现出来,这已然成为报业追求的方向。因此,媒介越来越重视产品的形象包装,而版面设计则是媒介产品包装最直观的体现。版面设计既是新闻产品形象的集中表现,又在很大程度上向社会公众展示了一份报纸的个性面貌和特色风格。

以《北京青年报》为例,为了应对读者审美的新变化,早在2006年《北京青年报》就进行了一次较大规模的改版。这次改版进一步创新了版面表现形式,使版面风格更清秀、雅致、疏朗、美观(如图1.1.1、图1.1.2所示)。

图 1.1.1　2005 年 8 月 17 日《北京青年报》

图 1.1.2　2013 年 8 月 6 日《北京青年报》

从以上两幅头版的对比来看,报纸版面编辑从浓墨重彩变成清新淡雅;从视觉效果来看,改版后的报纸更能给读者以美的享受。

而这种版面编辑的改头换面,需要有新的排版技术的发展作为基础,通过技术的发展,来创造更精致的报刊版面。

与此同时,在电子报纸、电子刊物、网络发布等方式不断呈现的时代,传统媒体正逐步走向多元化,越来越多的纸质媒体以网络媒体及电子刊物的形式同步发行。随着中国新闻出版行业改革步伐的加快,需要有更多更好的技术来支撑这一变革。

早在20世纪40年代,西方就研制出了与电脑相关的照排技术。到了70年代,美国等一些发达国家在新闻出版业中普遍使用了激光照排技术。1986年,我国《经济日报》采用北京大学教授王选等人研制出的华光电子出版系统并获得成功,成为世界上第一家采用计算机激光屏幕组版、整版输出的中文报纸。此后,北京大学在华光电子出版系统的基础上又推出了功能更全、速度更快的"北大方正"新一代激光照排出版系统,使报纸编辑彻底告别了"铅与火"的历史,正式走入"光与电"的时代。

经过数十年的发展和飞跃,方正飞腾软件不断升级换代,为报刊版面的设计提供坚实的技术基础。方正飞腾软件不仅能很好地保证用户版面设计的品质,它在文字处理、版面设计上具备业内领先的优势,而且对图形、图像、表格等的处理功能也十分完备。

本书为读者介绍的方正飞腾创艺5.3,作为方正旗下最领先的报刊排版软件,现在已经成为很多报社、出版社采编系统中不可或缺的核心技术之一。关于方正飞腾创艺5.3软件的概况及具体使用方法,本书将在后面章节中一一介绍。

第二节　方正飞腾创艺5.3概述

一、认识方正飞腾创艺5.3

早在2007年8月16日,中国排版软件的跨越级产品——方正飞腾创艺5.0已然问世,而飞腾创艺软件的面世,也成为国产排版软件发展史上的重要时刻。

作为一个专业的排版软件,方正飞腾创艺的任务是将收集到的图像、图形或文字等素材整合到页面中,完成版面制作。它主要处理文字、图形和图像素材。文字可以在排版软件中直接输入,也可以先在其他软件里录入,然后排入到排版软件里,如文本文件(* . TXT)和 Word 文档(* . DOC 和 * . DOCX)。图形和图像可以通过数码相机或扫描仪等输入设备生成,也可以通过图像制作软件(如 Photoshop)生成,然后导入到排版软件里。

飞腾创艺的前身是飞腾。飞腾产品属于方正电子自有核心软件的重要产品,也是目前国内以及中文排版市场最为领先的软件产品之一。飞腾自 20 世纪 90 年代问世以来,广泛应用于报纸、书籍、杂志、期刊、广告、宣传册等各类出版物。每天,国内超过90%、全球超过 85% 的中文出版物使用飞腾制作出版。在亚太和欧美等地区,飞腾市场占有率也在逐年提高。而此次飞腾创艺在正式对外发布前,就已经击败国内外众多排版行业竞争对手,并在香港明报成功应用。

飞腾创艺运行在 Windows 2000 /XP/2003/Vista/Win7 操作系统上,是一款面向高端彩色制作、具备多媒体发展前景的新型排版软件。除了延续飞腾在文字处理和页面布局方面的优势及主要的操作习惯外,飞腾创艺在软件界面、产品性能及创意功能等方面有极大的提升,在图形、图像和色彩方面的运用也取得了重大突破。它增加了大量图形、图像设计功能,融合了专业排版功能、色彩管理技术和图形图像处理功能,可以完成复杂、高端的印前作业。这些功能使其更好地面向平面设计制作等领域。飞腾创艺代码建构在 Unicode 编码上,搭建了跨平台、跨语言的操作环境。此外,飞腾创艺还实现了软插件技术运用上的创新。

从 2007 年至今,飞腾创艺系列已由 5.0 版本发展到最新的 5.3 版本。发展的过程中,在保持软件主体性能不变的情况下,软件的功能不断创新,操作愈加便捷,从而更能迎合当今排版市场的需要。

在具体认识方正飞腾创艺排版软件之前,需要对桌面出版系统的工作流程进行简单的介绍。桌面出版系统的硬件包括计算机和输入输出设备,软件包括排版软件、图形图像处理软件和文字处理软件等。报纸、图书、杂志等出版物经过桌面出版系统的工作,最后印刷出版或发布到网上,而方正飞腾创艺在此流程中承担着重要作用。方正飞腾创艺出版系统如图 1.2.1 所示。

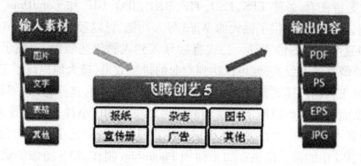

图 1.2.1

由上图看出,飞腾创艺是将零散的素材有规律地组织、整合,化零为整,形成市面上所能看到的,或是网络上所能翻阅的出版物。因此,可以说飞腾创艺是桌面出版系统中最核心的流程、工序。

二、方正飞腾创艺 5.3 的功能与特点

飞腾创艺由 5.0 发展至 5.3,其中既延续了飞腾创艺传统的优势功能,同时依照用户的新需求,也在功能上进行不断地创新,拥有大量新的功能及特点。这里将从以

下几个方面简单地讲述飞腾创艺5.3的特性(如图1.2.2所示),其具体功能将在以后的章节中做具体阐述。

开放性:支持输入输出的格式

易用性:新界面和操作中的便捷功能

安全性:免除操作中的后顾之忧

文字排版处理:中文排版的优势功能

图形图像效果:新增阴影等大量的图形图像效果

表格功能:操作易用性和大型表格的排版优势

图1.2.2

（一）开放性

相对于之前的方正飞腾,从飞腾创艺5.0开始,所支持的文件输出从单一的FIT格式已经扩展到PDF、PS、EPS、JPG和TXT等格式,方便用户直接输出、传送、打印。除此之外,在排入格式上,飞腾创艺支持排入多种格式的文件,包括:文档TXT、WORD和EXCEL,支持图像文件EPS、PSD、TIF、BMP、JPG、GIF和CorelDraw的cmx。以WORD为例,飞腾创艺提供了强大的Word导入功能,可以轻松地将Word文档中的文字、表格(如股市表)、图像、图形、公式直接导入到飞腾创艺版面,避免了重新录入的工作,只需要调整一下版式,就可以达到专业的排版效果,极大地提高了工作效率。而且,可以选择飞腾创艺样式替换Word样式,实现自动排版,这样打通了写稿和排版的关键环节,从而缩短出版周期。飞腾创艺还可以支持BD小样文件的排入。通过BD兼容插件或者书版插件,可以将BD小样文件兼容到飞腾创艺中。飞腾创艺可以识别PSD、TIF和JPG中的裁剪路径。如果使用Photoshop制作,EPS图像的裁剪路径也能得到支持。

另外,飞腾创艺新增启动图像编辑器功能,方便用户直接在飞腾创艺里激活第三方图像处理软件,修改版面上的图像,修改结果将自动更新到版面上。

不仅如此,飞腾创艺通过"插入OLE对象"功能,支持插入多种应用程序的文件,例如各种图表、文档、图片等,从侧面扩展了飞腾创艺的功能。同时,飞腾创艺开放的扩展体系结构支持独立第三方的扩展开发,提供了SDK等完备的技术支持。

在输出字体上,除了支持英文、简体中文、繁体中文排版外,飞腾创艺还支持日文、韩文和朝文的排版。

(二)易用性

飞腾创艺不仅设计了实用性更强的新界面,而且在操作程序上也添加了许多便捷的功能。

首先,在新界面上,根据用户使用习惯,飞腾创艺的功能合理分布在浮动窗口、控制窗口和对话框,这样的布局可以给用户带来便利:通过浮动窗口可以时时预览到设置效果,例如艺术字、颜色、底纹和花边等艺术功能;可变的控制窗口改变了过去工具条的僵化设置,根据选中对象显示相应的常用参数,使更多的功能直观地展现在用户面前,同时也节省了空间;设计了 F2 键快速隐藏和显示浮动窗口,Ctrl+F9 键在全屏显示和简洁显示之间切换,扩大了排版区域,这种安排使排界面整体布局更为合理有效。

其次,在操作性上,飞腾创艺可以同时编辑多个文档,并且可以像 windows 那样支持排版显示文件窗口。此外,对于版面内的对象,可以在多个文档之间拖动。如图 1.2.3 所示:

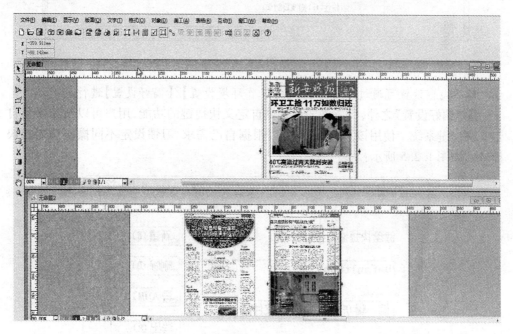

图 1.2.3

注意:该设置可通过点击【窗口】/【排列】/【层叠/水平并排/垂直】并排步骤进行。

第三,飞腾创艺按照用户的个性化需求,提供符合用户特点的操作设置。如在工作环境中有偏好设置,在此可按照自身需求设置一些符合自己个性要求的属性,这对于报刊排版中固定的基本设置具有很强的便捷性(关于工作环境功能,将在下一章中具体阐释)。如图 1.2.4 所示:

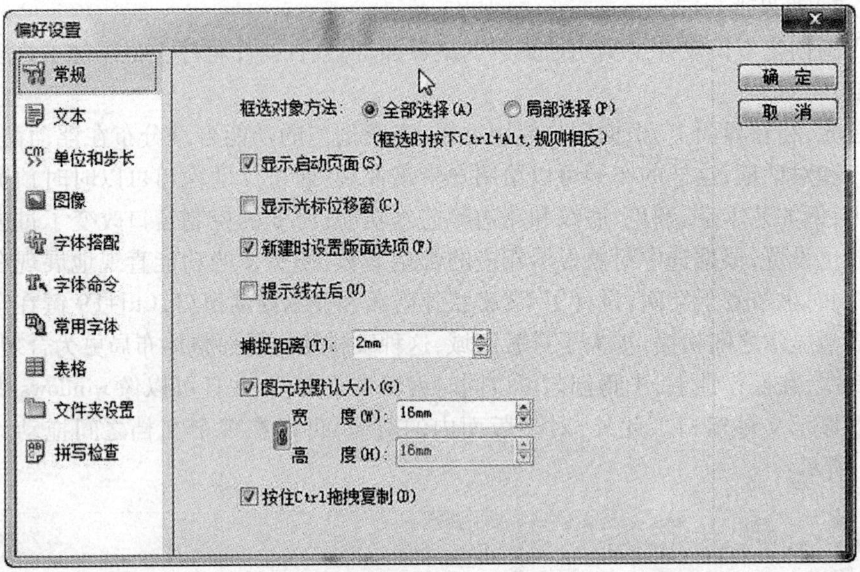

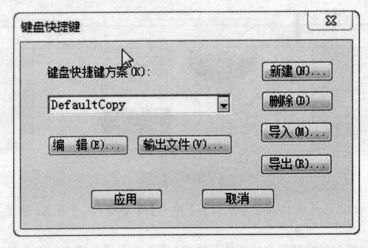

图 1. 2. 4

注意：该设置可通过点击【文件】/【工作环境设置】/【偏好设置】进行。

除"偏好设置"之外，飞腾创艺还提供自定义快捷键的功能，用户可以新建一套自定义快捷键系统。使用该系统，用户可以根据自己需求、习惯设定不同操作功能的快捷键。如图 1. 2. 5 所示：

图 1.2.5

注意：该设置可通过点击【文件】/【工作环境设置】/【键盘快捷键】进行。

点击上图的编辑按钮，就可以得到如图 1. 2. 6 所示的窗口，用户可以自由设置快捷键及组合方式。图 1. 2. 6 是为文件菜单中的各种按钮设置新的快捷方式。

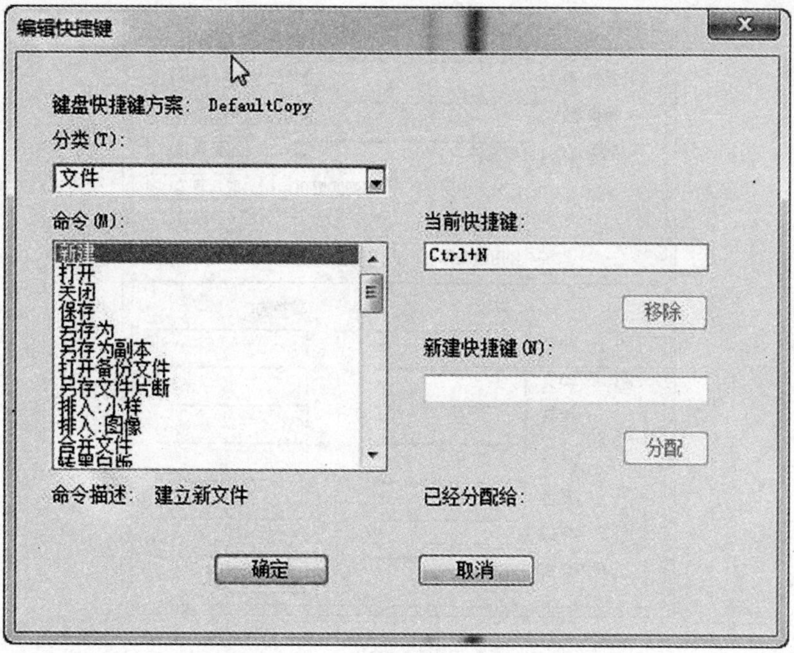

图 1.2.6

第四,在查找功能上,飞腾 5.3 应用了高级查找设置。对于报刊的排版来说,一般报纸或书刊的版面字数较多,查找起来很不方便;而在高级查找中,增加对特殊符号的查询(Tab、换行符、换段符),支持按字体、文字颜色、文字样式、段落样式进行查找将更为方便有效。如图 1.2.7 所示:

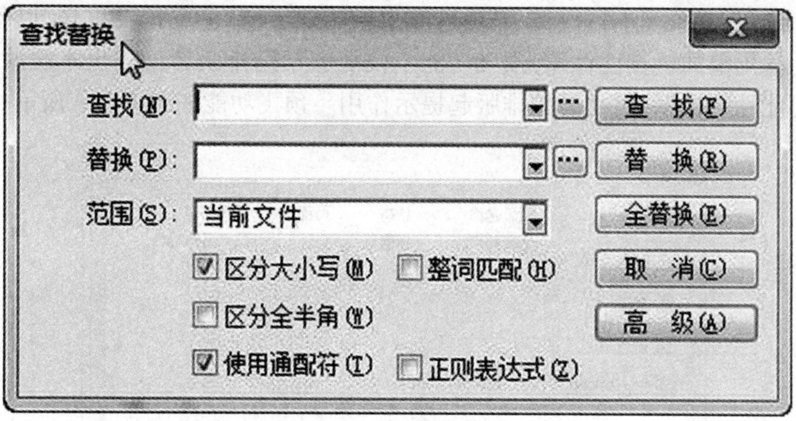

图 1.2.7

注意:该设置可通过点击【编辑】/【查找/替换】步骤进行。

点击高级查找按钮,就可得到如图 1.2.8 所示的窗口,继而对文本进行高级查找和替换。

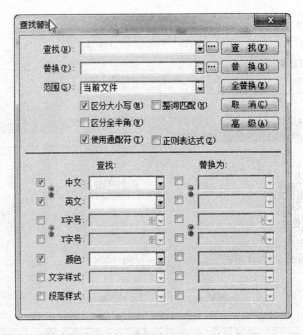

图 1.2.8

（三）安全性

作为中国目前最专业的排版软件，飞腾创艺 5.3 在方正飞腾原有功能基础上，为用户提供了更可靠的安全保障，即在排版过程中，添加了预飞功能、撤销功能、恢复功能、灾难恢复功能等，保护用户数据及排版安全。

1. 飞腾创艺提供预飞功能。用户可以在输出之前，通过预飞对文件中的所有字体、图像、颜色、对象等进行检查，显示可能出错的地方，并生成预飞报告，以备用户查阅。作为输出前的检查性保障，预飞功能不仅能够帮助排版者检查出本次故障，还能显示出可能性的错误，对之后的排版起提示作用。预飞功能如图 1.2.9 所示：

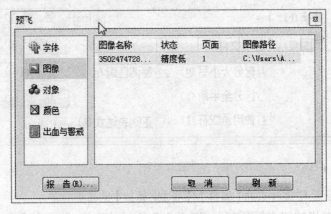

图 1.2.9

注意:该设置可通过点击【文件】/【预飞】步骤进行。

从上图可以看出,对于选中的排入版面的图片,经过预飞功能的检查,显示图片"精较低"的结果。同时,点击报告按钮,能够输出 TXT 模式的预飞报告,可供排版者查阅。预飞功能的具体阐释在下一章将有详细介绍。

2. 飞腾创艺提供撤消恢复功能。飞腾创艺可以撤消或恢复任何操作,包括文字操作、表格操作等。此功能可在编辑菜单中选择。

3. 飞腾创艺提供灾难恢复功能。在排版过程中,如果遇到断电、死机等突发情况,再次启动飞腾创艺时可通过灾难恢复功能将排版恢复到文件退出时的编辑状态,防止丢失工作成果。如图 1. 2. 10 所示:

图 1. 2. 10

以上是对飞腾创艺 5. 3 的功能特点进行宏观性的介绍,关于飞腾创艺 5. 3 在文字排版处理、图形图像效果、表格等具体功能上的创新,将在以后章节做具体阐述,在此不多赘言。

第三节　方正飞腾创艺 5.3 操作界面介绍

学习飞腾创艺首先要认识它的工作环境,并且要了解如何调整界面,以便能方便地调用工具。飞腾创艺的主菜单、工具箱、控制窗口、浮动窗口和工具条都是活动窗口,用户可以根据使用习惯,改变它们的位置,调整界面布局(如图 1.3.1 所示)。

下面着重介绍主菜单、工具箱、浮动窗口、控制窗口工具条。

一、主菜单

主菜单的打开有三种方式:鼠标点击、使用导航键以及使用快捷键。

第一种方法是最简单的方法,但由于需要鼠标的帮助,因此用起来比较费时。后两种方法都是直接在键盘上操作,对于能够熟练使用飞腾创艺 5.3 的人来说,更为省时、便捷。因此,在此主要介绍后两种的打开方式。

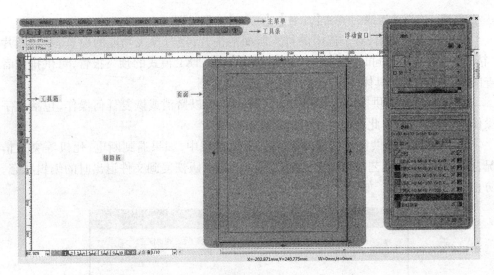

图 1.3.1

（一）使用导航键

除了使用鼠标单击主菜单项外，还可以按下"Alt+导航键"打开主菜单，导航键即菜单名称后带下划线的字母。例如，选择【文件(F)"】/【新建(D)】，可以按 Alt+F 键，弹出"文件"菜单（如图 1.3.2 所示），然后松开 Alt 键，按 D 键即可新建文件。也可以一直按住 Alt 键，依次按 F 键、D 键新建文件功能。

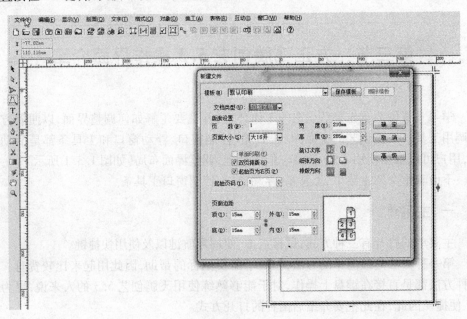

图 1.3.2

（二）使用快捷键

如果某菜单项后面有组合键，则用户可以直接按下快捷键。例如，选择【文件

（F）】/【新建（D）Ctrl+N】，可以直接按快捷键 Ctrl+N。

当需要关闭菜单时，可以将鼠标单击版面任意一处或按 Alt 键，即可关闭菜单。也可按 Esc 键，即逐级向上关闭菜单。

关于主菜单中各项功能的介绍，将在下一章及之后章节中详细阐述。

二、工具箱

飞腾创艺工具箱如图 1.3.3 所示，鼠标点击"工具"图标即可选取工具。

工具箱工具由上到下依次是：选取工具、穿透工具（下拉工具包括：穿透、图像裁剪）、旋转变倍工具、扭曲透视工具（下拉工具包括：扭曲透视、平面透视）、文字工具（下拉工具包括：文字、沿线排版）、表格画笔工具（下拉工具包括：表格画笔、表格橡皮擦）、钢笔工具（下拉工具包括：钢笔、画笔、删除节点）、矩形工具（下拉工具包括：矩形、椭圆、菱形、多边形、直线）、剪刀工具、渐变工具、文字格式刷工具（下拉工具包括：文字格式刷、颜色吸管、表格吸管）、小手工具、放大镜工具、锚定工具。下面将介绍工具箱中经常用到的比较重要的工具。

注意：如果工具图标右下角带三角标识，表示该工具带有扩展工具。鼠标按在工具上几秒不放，可以展开扩展工具。

（一）选取工具（Q）

选取工具的功能是选择对象。在方正飞腾创艺软件排版中，如果需要对某个对象进行操作，首先需要将其选定。

（二）穿透工具（A）

主要用来选取成组物件里的单个对象或编辑节点。用钢笔工具绘图后，可利用它来编辑节点。此外，穿透工具还可以透过图像框，单独选中框内的图像，移动图像在框内的位置或编辑框内的图像大小。

图 1.3.3

如图 1.3.4 所示，首先用"钢笔"工具将图中小狗的形状进行勾勒，然后点击"穿透"工具，可对该曲线进行编辑，如添加节点、改变曲线形状等，从而细化曲线形状，使所勾勒出来的形状更贴近图像本身。

（三）旋转变倍（X）

选择"变形"工具，点击对象，可以对对象进行缩放、旋转或倾斜操作。点击文字块或图像，可以使文字或图像随外框一起缩放。

（四）扭曲，平面透视工具（Y）

使图元产生扭曲或平面透视效果。

（五）文字工具（T）

在飞腾创艺里，只有选择"文字"工具才能进入文字编辑状态，进行录入文字、修改文字、选中文字等操作。"文字"工具下，按住 Ctrl+Q 可切换到"选取"工具。

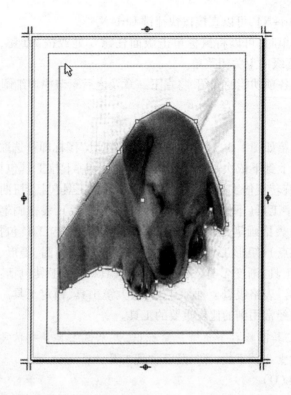

图 1.3.4

（六）沿线排版（Shift+T）

选择"沿线排版"工具,点击到任意的线段或封闭的图元上,即可输入文字。这里输入的文字沿图元形状走位,如图 1.3.5 所示:

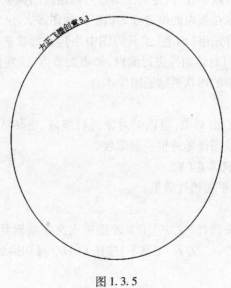

图 1.3.5

首先用"矩形"工具中的"椭圆"工具勾画出一个椭圆形状,然后选择"沿线排版"工具,即可沿着椭圆的形状进行文字编辑。

(七)表格画笔(W)

选择"表格画笔"工具在版面拖拽,可以手动创建表格,或者绘制表线。

(八)表格橡皮擦(E)

点击表格线,即可方便地擦除表线。

(九)钢笔工具(P)

主要用来绘制贝塞尔曲线、折线。也可以使用"钢笔"工具连接多个独立的折线或曲线,或在线段或曲线上续绘,以延长该线段或曲线。

(十)渐变工具(G)

设置渐变颜色后,点击"渐变"工具,在版面拖拽,可按拖拽的方向、角度应用渐变色,设置线性或放射状渐变的起点、终点以及渐变中心。关于渐变的具体内容,将在以后章节讲述。

(十一)颜色吸管(Shift+C)

颜色吸管仅复制颜色属性,如果要复制包含颜色属性在内的所有属性,必须选择格式刷。表格吸管(U)吸取表格单元格底纹、颜色等效果,作用于其他单元格。

工具箱中各种功能的具体介绍详见第五章。

三、浮动窗口

飞腾创艺很多功能都集中在浮动窗口,通过"窗口"菜单,可以打开和关闭所需要的浮动窗口。图1.3.6是几个浮动窗口的例子。

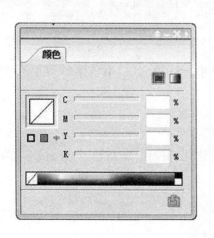

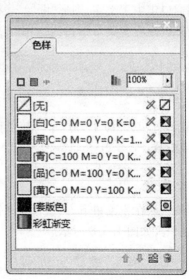

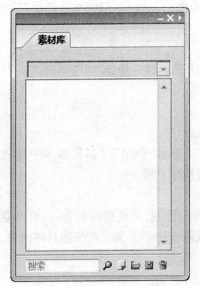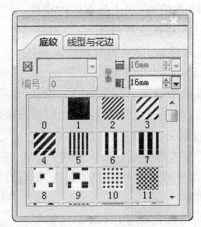

图 1.3.6

注意：该设置可通过点击【窗口】/【颜色/色样/素材库/底纹/线型与花边】等步骤进行。

浮动窗口可以使用户能便捷地使用工具，不再需要从窗口下拉菜单中挨个寻找工具。对于浮动窗口中各种功能的介绍，将在后面的章节中具体阐释。

四、控制窗口

控制窗口集中了文字、图形、图像、表格等各类对象的常用功能。在控制窗口里的功能通常都可以在主菜单下找到，如图 1.3.7 所示。

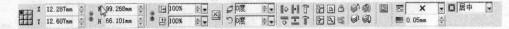

图 1.3.7

"控制窗口"功能位于"窗口"下拉菜单中，点击"窗口"下拉菜单，可以使"控制窗口"出现或隐藏。

五、工具条

工具条默认在主菜单下方，包含了文件常用的操作，如新建、打开、排入文字、排入图像和输出等，如图 1.3.8 所示。

图 1.3.8

工具条同样位于窗口下拉菜单中，点击窗口下拉菜单，可以使工具条出现或隐藏。

本章小结

　　本章作为全书的入门章节，从报刊版面编辑工作出发，通过对桌面出版系统工作流程的介绍，引入专业的排版软件——方正飞腾创艺 5.3。本章除详细介绍了方正飞腾创艺 5.3 相较于其他排版软件以及其前身的优势外，读者重点介绍了方正飞腾创艺 5.3 的操作界面及相关工具的使用。通过本章学习，能够对方正飞腾创艺 5.3 及其相关功能有入门级别的了解。

第二章　方正飞腾创艺 5.3 基本操作设置

【预备知识】

　　本章在熟悉方正飞腾创艺 5.3 的操作界面后,进行飞腾创艺 5.3 的基本操作,理解掌握并能熟练使用主菜单中的各项设置的基本功能,从而全面把握飞腾创艺 5.3 的操作技能。

第一节　文件新建、打开、保存与关闭

一、新建文件

　　(1)将加密锁插到计算机的 USB 口上,然后启动飞腾创艺,出现欢迎界面,如图 2.1.1 所示:

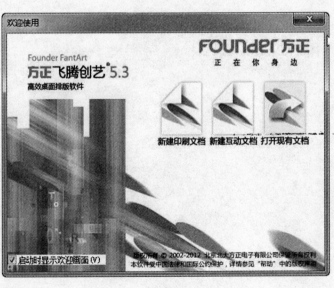

图 2.1.1

（2）单击【新建印刷文档】，出现"新建文件"的界面，如图 2.1.2 所示（如果在"偏好设置"的"常规"选项里没有选中"新建时设定版面选项"，则执行"新建"的命令后直接进入版面）：

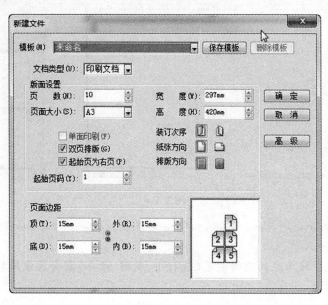

图 2.1.2

将页数设成 10，页面大小设为 A3，选中"双页排版"和"起始页为右页"；页面边距的默认值为顶、底、外、内都为 15mm。在确定这些基本的参数后，可以点击高级按钮，再设置其他的参数。在右下方还有相关参数的效果图，如图 2.1.3 所示：

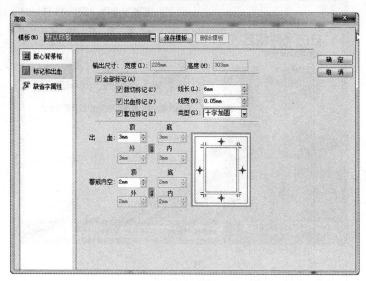

图 2.1.3

(3)当确定高级命令下的参数后,就可以新建一个排版文件(如图 2.1.4 所示)。

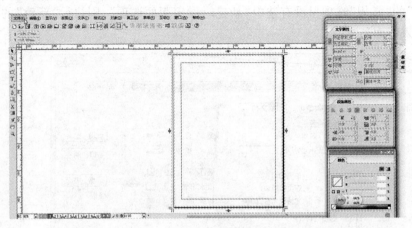

图 2.1.4

【小贴示】
　　使用完全版功能的飞腾创艺(能打印、发排、保存)需安装使用加密锁。

二、打开文件

(1)启动飞腾创艺,出现欢迎界面,如图 2.1.5 所示:

图 2.1.5

(2)选择【打开现有文档】图标,就可以直接打开存置于电脑中的已有文档,如图 2.1.6 所示:

图 2.1.6

除此之外,飞腾创艺 5.3 打开文件的另外一种方式是:选择【文件】/【打开】,或单击工具条中的【打开】按钮,弹出"打开"对话框。在列表框中选择要打开的飞腾创艺文件,按住 Ctrl 键或 Shift 键可选择多个文件,点击"确定"即可打开选中的文件。

【小贴示】
    启动一个飞腾创艺程序,可以同时打开和编辑多个文件。

三、文件保存

(一)保存文件

选择【文件】/【保存】,或点击工具条中的图标,可以保存正在编辑的文件。如果该文件是旧档,则直接执行保存命令,将当前最新结果保存到文件里。如果该文件是新建文件,尚未保存,将弹出"另存为"对话框。如图 2.1.7 所示:

图 2.1.7

1. 保存类型:在"保存类型"下拉列表里,可以选择保存为排版文件∗.vft,也可以选择保存为模板文件∗.vtp。

2. 生成预览图:选中"生成预览图",则保存时自动将文件第1页以8位的小图保存到文件里,在以后打开该文件时,可以在"打开"对话框预览到文件内容。

3. 文件信息:单击"文件信息",弹出界面供用户填写文件的相关信息,包括"主题"、"机器名"、"作者"、"单位"、"备注"等,以便查看文件信息,如图2.1.8所示。

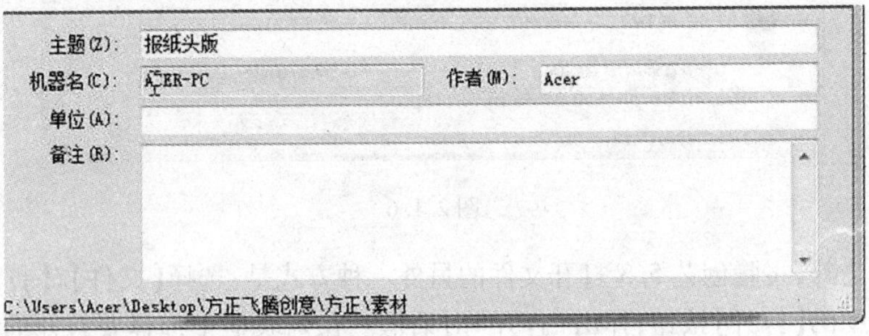

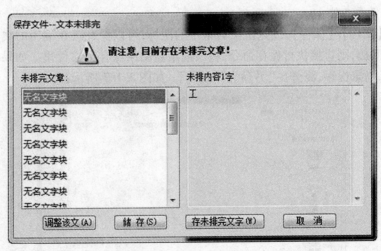

图2.1.8

(二)另存文件

单击【文件】/【另存为】,可另存一份文件。与"保存"不同的是,"另存为"在保存时关掉原文件,在窗口显示另存的新文件。而另一种另存方式——"另存为副本"在存新文件的同时不关闭当前文件,仅在后台保存。在另存文件时,如果软件在之前的"偏好设置"里选中"保存时检查剩余文字"而文章中有文本未排完,则有相应窗口弹出,如图2.1.9所示:

图2.1.9

1."未排完文章"列表窗口:列出未排完文章对应小样的路径与名称,如果文章非排入小样生成,则显示"无名文字块"。

2."未排内容"窗口:显示未排完文字块或表格块中未排的内容。在此窗口中我们可以看到,未排完的文字仅有一个"工"字。

3. 调整该文:终止保存,返回版面,选中未排完文字块或表格块。

4. 保存:忽略未排完文字,继续保存。

5. 存未排文字:单击"存未排文字"按钮,将弹出"另存为"对话框,可以将未排完文字保存为文字文件(适合用于转版和连载的排版)。

6. 取消:单击"取消"按钮,则取消保存操作,返回版面。

四、文件关闭

选择【文件】/【关闭】,选中右上角菜单栏中的"关闭"按钮,用于关闭当前打开的文件。如果当前编辑的文件未经保存,系统会给出提示对话框,如图2.1.10所示,询问是否先保存然后关闭。选择"是",系统将执行"保存"命令来保存文件的修改;选择"否",文件将不保存而被立即关闭;选择"取消",则不会关闭文件,直接返回版面。

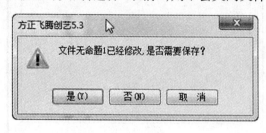

图 2.1.10

第二节 文件合并与灾难恢复功能

关于灾难恢复功能,在上一章中已经有过阐释,这一节主要展示文件合并功能。

在日常报纸的排版中,当版面内容复杂时,主编可以把报纸的版面划分为几个区域,每个编辑单独编辑自己排版的区域,最后合成一个版面。在书籍和杂志的排版中,大多时候也是需要多人同时排版的。为此,飞腾创艺文件特别开发了合并功能。合并分为合文件与合版。合文件是指将多个文件合并为一个文件,通常用于排书或杂志。合版是指将一个版面分给几个人排版,最后将每部分合到一个版面里,通常用于排报纸。在此需要注意的是,合并功能是对多个文件进行操作的。

首先,打开一个现有文件作为当前文件,选择【文件】/【合并文件】,弹出"打开文件"对话框,如图2.2.1所示。

图 2.2.1

图 2.2.1 为现有文件,在图 2.2.2 中选择要合并的文件。

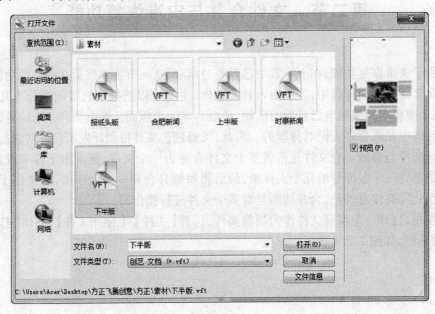

图 2.2.2

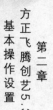

其次，选择需要合并的文件，单击"确定"，弹出"文件合并"对话框，如图2.2.3所示。

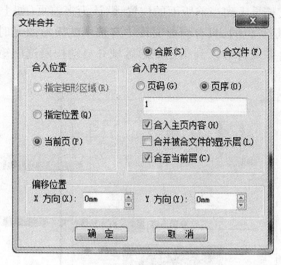

图 2.2.3

然后，根据需求，对文件进行"合版"或"合文件"，切换到不同的设置对话框，完成设置后单击"确定"即可。

图2.2.4即为上、下两版合并的结果，成为一个整版。

图 2.2.4

下面详细介绍"文件合并"窗口的各项参数：

（一）合版

合入位置：将文档导入到当前版面的位置，默认为当前页（如上图2.2.3）。其中指定矩形区域按钮是灰色的，只有当前文件中有选中的矩形图元时，该选项被激活。选中该选项，则将合并文件导入到指定矩形区域并自动按照选中矩形区域的大小缩放，如图2.2.5所示。

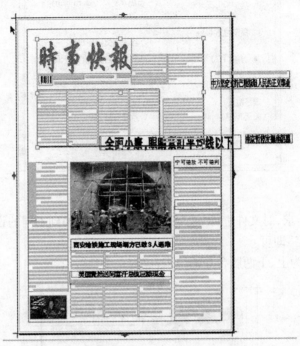

图2.2.5

【小贴示】

1. 合入内容将与选中区域自动成组，并锁定位置。如果需要调整位置，可以选中成组对象，在右键菜单里选择"解组"和"解锁"。

2. 合入内容：指定合入文档的第几页，以及是否合入主页、是否合入隐藏层。

3. 偏移位置：在"合入位置"选项组选中"当前页"时，该选项置亮。在X方向和Y方向编辑框内输入数值，指定合入版面左上角在当前页的坐标值。X方向和Y方向值为0时，表示当前页版心左上角。

（二）合文件

1. 合入位置：指定将文档合入到当前文件的位置（如图2.2.6所示）。

当前页前：合入内容插入到当前页之前。

当前页后：合入内容插入到当前页之后。

文件末尾：合入内容插入到当前文件末尾。

2. 合入内容：可以选择将合并文件的全部或部分页面合入当前文件。

全部：合入文件的所有内容。

页码范围：按"页码范围"或"页序范围"指定合入的页面范围。

合并被合文档的显示层：不合并被合文档的隐藏层。

合至当前层：合并显示层到目的文件的当前层。

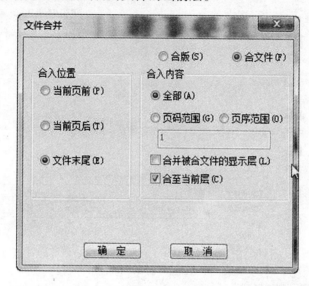

图 2.2.6

第三节　文件输出与打印

一、文件输出

排版完成后，接下来是对文件的校对并设置符合印刷的输出。在第一章，我们就了解到方正飞腾创艺的输出是多样化和开放化的。在排版结束后，可以通过预飞功能对文件中的字体、图像、对象、颜色以及出血与警戒进行检查，找出可能出错的地方，并生成预飞报告，以备查阅。然后，就可以输出文件了。

第一，将文件进行保存。

第二，通过【文件】/【输出命令】，弹出"输出"对话框，在"文件名"文本框中输入要保存的名字，在"保存类型"下拉文本框中选择相应的输出类型（如图 2.3.1 所示）。

第三，单击"高级"按钮，弹出每个文件类型相应的对话框，可以对这些即将要生成的文件进行相关参数的设置。

第四，单击"确定"按钮，完成输出。

本书已提到方正飞腾创艺的输出格式有 PDF、PS、EPS、JPG、TXT 等类型,除此之外,还有一种类型是 CEBX。如果输出的是 CEBX 版式文档,可以用于移动阅读终端设备,例如电子书阅读器、手机、平板电脑等移动终端,实现原版原式的移动阅读。

图 2.3.1

二、打印预览

　　飞腾创艺提供打印预览的功能,可以通过打印预览查看排版结果,并可从预览窗口直接实现打印。

　　1. 选择【文件】/【打印预览(F10)】,或单击工具条上的图标,进入预览窗口,如图2.3.2 所示。

　　2. 预览工具条如图2.3.2所示,可实现跨页预览、版面缩放、打印等功能。

　　打印:单击"打印"按钮,弹出"打印"对话框,设置打印参数后即可将版面打印到纸上。

　　单页显示:每个窗口只显示一个页面。

　　跨页显示:每个窗口显示两个页面,只有在"版面设置"里选中"双页排版",才能激活跨页显示按钮,否则该按钮置灰。关于"双页排版"的介绍,参见版面设置。

　　前一页、后一页:单击"前一页"或"后一页"按钮可实现翻页。当按钮置灰时,表示已经翻到文档首页或尾页。

　　放大镜:选取放大镜,点击到页面上,则页面在 100% 显示和适应窗口高度显示之间进行切换。

3. 单击"关闭"按钮,或按 Esc 键,退出预览窗口,返回版面。

图 2.3.2

三、文件打印

机器上连接打印机后,可以在飞腾创艺里将文档直接打印到纸上。

(一)具体操作

1. 执行【文件】/【打印(Ctrl+P)】,弹出"打印"对话框,如图 2.3.3 所示

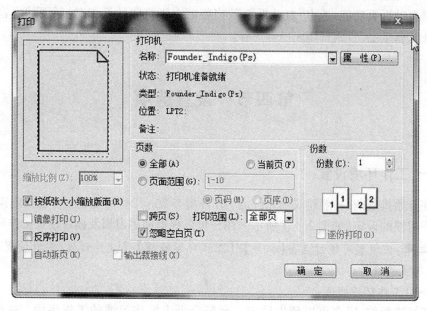

图 2.3.3

2. 在打印机名称下拉列表中选择合适的打印机。单击"属性"按钮,可以修改所选择的打印机属性,该属性设置由打印机自带,不同厂商的打印机带有不同的属性。

3. 在"份数"编辑框内设置打印份数,并在"页数"选项组里选择打印范围,选择

"全部"表示打印文件所有页面,选择"页面范围"即可指定打印页面范围。其他参数及详细讲述见后述介绍。

4. 单击"确定"按钮,即可开始打印。单击"取消"按钮,则取消打印,返回版面。

(二)打印窗口重点功能介绍

1. 页面范围:选中"页面范围",选择"页码"或"页序",并在"页面范围"编辑框内指定输出范围。例如一个文档第 1 页的页码为 3,需要输出第 1 页到第 3 页,按"页码"输出,则在"页面范围"编辑框内输入"3-5";按"页序"输出,则在"页面范围"编辑框内输入"1-3"。

页面范围书写方式可以有多种,例如"1-6"表示打印第 1 页到第 6 页;"1,2,4,6"表示打印第 1 页、第 2 页、第 4 页和第 6 页;"1,2,7,8-10"表示打印第 1 页、第 2 页、第 7 页以及第 8 页到第 10 页的所有页面。值得注意的是,书写时符号均为英文半角状态。

2. 跨页:不选跨页,按单页打印。选中跨页,则"双页排版"时,将双页作为一个整体打印到纸上。

3. 镜像:镜像常用于硫酸纸打印,选中镜像,则版面打印到介质上时,从介质的背面看是正常的,同版面效果一样。镜像的作用是将整个版面左右翻转一下(相当于飞腾创艺的"垂直中轴线"镜像)。

4. 自动拆页:一般来说,当页面大于打印的纸张时,超出部分不打印。而飞腾创艺提供自动拆页功能,选中"自动拆页",当版面大于打印的纸张时,版面的内容分别打印在几张纸上,直到打印完所有内容。

第四节　设置选项

一、工作环境设置

在开始排版前,一般建议预先设定工作环境参数。工作环境包括对版面内操作对象操作习惯的设定(如图 2.4.1 所示),用户可以根据使用习惯及偏好设置工作环境。

注意:该设置可通过点击【文件】/【工作环境设置】/【文件设置/偏好设置/插件管理】等步骤进行。

(一)工作环境概述

开始排版前,用户可以预先设定一套符合个人操作习惯的工作环境。选择【文件】/【工作环境设置】,可以在所出现的二级菜单里选择需要设定的工作环境,包括文件设置、偏好设置、色彩管理、字体集管理、复合字体及键盘快捷键等。在开版(在飞腾创艺里打开文件的工作状态)下或灰版(在飞腾创艺里不打开任何文件的工作状态)下都可以通过"工作环境设置"定制工作环境。但是,灰版下的设定是程序量,对

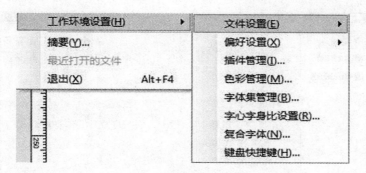

图 2.4.1

本机上所有新建的飞腾创艺文件有效;开版下的设定是文件量,仅仅对当前打开的飞腾创艺文件有效。但"偏好设置"却是个例外,它始终是程序量。

> 【小贴示】
>
> 文档量优先于程序量适用于飞腾创艺文档。例如,灰版下,在"文件设置"里取消"不使用 RGB 颜色"选项,所有新建的飞腾创艺文件都将允许使用 RGB 颜色。但是如果打开一个飞腾创艺文件,在"文件设置"里选中"不使用 RGB 颜色",则该文件不允许使用 RGB 颜色。

(二)工作环境设置中主要设置

在工作环境设置中,最重要的两项功能是文件设置和偏好设置。因此,本书重点介绍这两种设置。

1. 文件设置

选择【文件】/【工作环境设置】/【文件设置】,在下级菜单中选择设置项目"常规"、"文章背景格"或"默认图元设置",如图 2.4.2 所示。如果需要将文件设置恢复到缺省状态,可以选择"恢复缺省设置"。

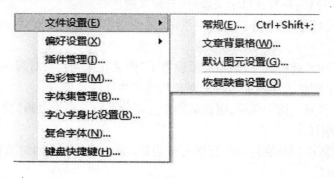

图 2.4.2

(1)常规

在文件设置中,常规对话框如图 2.4.3 所示:

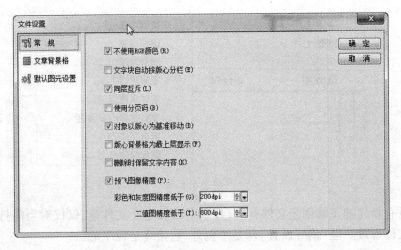

图 2.4.3

① 不使用 RGB 颜色。文件中不允许使用 RGB 颜色,包括不允许排入 RGB 颜色的图像,"颜色"浮动窗口里不允许使用 RGB 颜色空间等。具体影响包括:限制排入 RGB 模式的图像,当排入 RGB 颜色的图像时,系统弹出提示框,提示排版者是否排入,如图 2.4.4 所示:

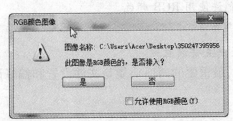

图 2.4.4

所有关于颜色设置的窗口均不能使用 RGB 颜色模式,包括颜色窗口、色样窗口、新建色样、编辑色样、灰度图自定义着色、自定义颜色等。

② 文字块自动按版心分栏。选中该项,则新创建的文字块自动按版心分栏方式进行分栏。

③ 同层互斥。选中该项,则当对象设置了"图文互斥"时,只对同一层的对象产生图文互斥效果;不选中,则对所有层的对象均可产生互斥效果。

④ 使用分页码。选中该项,则在文档中使用分页码。关于页码的相关功能,将在后面章节进行阐释。

⑤ 对象以版心为基准移动。当版心或边距调整后,版面上的对象移动时默认以"中心"为参考点。

⑥ 版心背景格为最上层显示。选中此项,则版心背景格处于所有物件最上层,但提示线和页码始终压住背景格。

⑦ 删除时保留文字内容。选中该项,当有续排关系的几个文字块分别放在不同

的页面上时,删除其中的一个页面时将保留该页面上文字块的内容;否则,该页面删除的同时也将删除文字块;选中该项,删除或剪切有续排关系的文字块时将只删除文字块,而保留文字内容,将文字内容流动到下一块或前一块的续排中;否则,文字块与文字内容同时删除。

⑧ 预飞图像精度。预飞时,当图像精度低于设置的值,则在预飞对话框显示出来,这点已在上一章中有所阐释。

(2)文章背景格

文章背景格对话框如图2.4.5所示,在"颜色"下拉列表里选择文章背景格颜色。关于文章背景格的介绍,将在后面章节进行详细阐释。

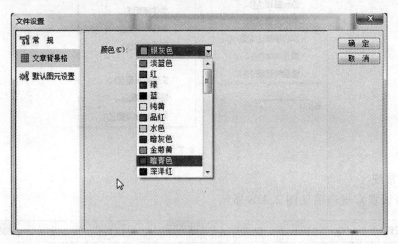

图 2.4.5

(3)默认图元设置

默认图元设置如图2.4.6所示,可以设置默认图元线型和底纹的属性。

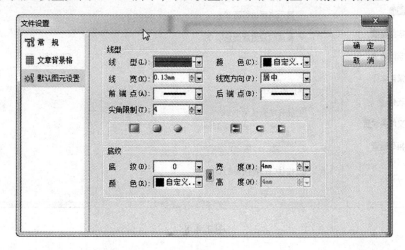

图 2.4.6

2. 偏好设置

选择【文件】/【工作环境设置】/【偏好设置】,在下级菜单中选择设置项目,包括常规、文本、单位和步长、图像、字体搭配、字体命令、常用字体、表格、文件夹设定和拼写检查,如图2.4.7所示。如果需要将偏好设置恢复到缺省状态,可以选择"恢复缺省设置"。

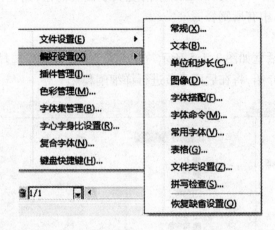

图 2.4.7

（1）常规

偏好设置常规选项如图2.4.8所示。

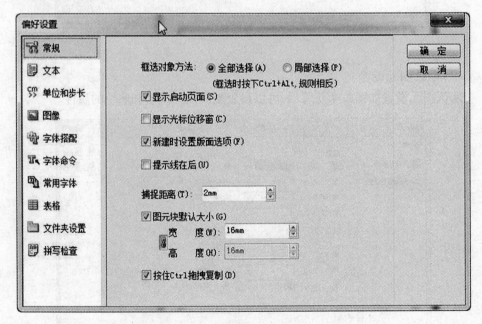

图 2.4.8

① 框选对象方法。飞腾创艺默认"全部选择",即使用鼠标框选对象时,必须将对

象整体框选在矩形选取区域内才能选中该对象，如图 2.4.8 所示。当选中"局部选择"时，只需要将部分对象框选在矩形选取区域内，即可选中该对象，如图 2.4.8 所示。

②显示启动页面。在启动飞腾创艺时弹出启动界面。不选中该选项，则启动时不显示该页面，也可以在欢迎界面内取消"启动时显示欢迎界面"。

注意："新建互动文档"目前未提供此功能，点击后，仍是新建印刷文档。

③显示光标位移窗。绘制文字块、图形时，或者改变对象大小时，在光标旁显示对象尺寸，如图 2.4.8 所示。

④新建时设定版面选项。选中该项，新建文件时弹出"新建文件"对话框；不选中该项，则新建文件时不弹出"新建文件"对话框。

⑤提示线在后。提示线置于所有对象最下层。不选中该选项，则提示线置于对象最上层。

⑥捕捉距离。设定捕捉有效范围，当捕捉对象靠近被捕捉对象时，两者之间的距离如果进入有效范围，即产生捕捉效果。例如，设定捕捉距离为 5mm，选中对象捕捉提示线，当对象移动到距离提示线 5mm 的位置时即可自动贴齐提示线。

⑦图元块默认大小。设定图元对象的默认大小。该项选中时，在版面上使用图元工具进行图元的绘制时，单击版面则以设定的大小进行绘制。

（2）文本

偏好设置里的文本选项如图 2.4.9 所示：

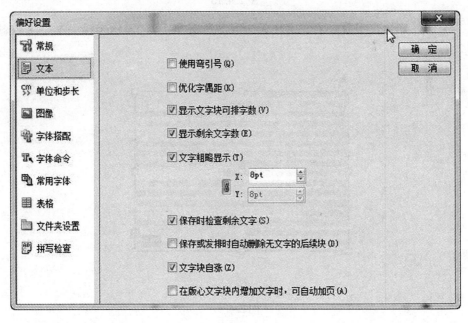

图 2.4.9

①使用弯引号。排版时通常需要将小样文件中的直引号转为弯引号，如图 2.4.9 所示。选中"使用弯引号"，则排入文字小样或输入文字时，把文件里的直引号自动转

037

为弯引号,引号前面带有空格,则转为左引号("),引号前面没有空格则转为右引号
(")。此外,用户在英文输入状态下,可以输入弯引号。

② 优化字偶距。利用飞腾创艺优化的参数文件控制英文字体的字偶距
(Kerning),以达到更美观的英文排版效果。说明:字偶距是特定的两个英文字符之间
的间距。例如 A 和 V,由于 A 和 V 的形状问题,在同等的字号和字距下,A 和 V 在一
起时,感觉它们之间的距离比其他字符之间的距离大,所以当它们在一起时,系统会自
动把距离调小一点,这样看起来更加美观。每一款字体里面也有自己的字偶距,如果
用户觉得该款字体本身的字偶距更美观,也可以不启用"优化字偶距"。

③ 显示文字块可排字数。在空文字块上显示文字块可以容纳的字数。不选中该
选项,则不显示空文字块的可排字数,如图 2.4.10 所示:

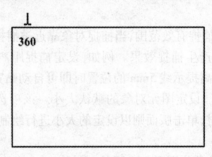

图 2.4.10

④ 显示剩余文字数。当文字块无法容纳所有文字时,显示未排完文字字数,如
图 2.4.11。

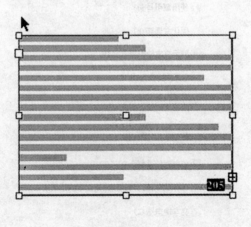

图 2.4.11

⑤ 文字粗略显示。缩放显示时,当屏幕显示字号缩小到指定字号时,以矩形条方
式显示文本。

⑥ 保存时检查剩余文字。保存文件时遇到文件里有未排完的文章,则弹出提示,

如图2.4.11所示。若不选中该选项,保存文件时则默认为不检查版面中是否有未排完的文章。

⑦ 保存或发排时自动删除无文字的后续块。保存或输出文件时,如果文章的后续块为空文字块,则自动删除该空文字块。

⑧ 文字块自涨。勾选此项,当文字块中有排不下内容时,文字块会自动加行。

⑨ 在版心文字块内增加文字时,可自动加页。勾选此项,当文字块在一页中排不下内容时,会自动进行加页。

(3)单位和步长

偏好设置里单位和步长的选项如图2.4.12所示。排版时默认使用偏好设置里的单位和步长,可以设定的内容包括标尺单位、TAB键单位、字号单位、排版单位、键盘步长、字号步长、字句步长以及行距步长。

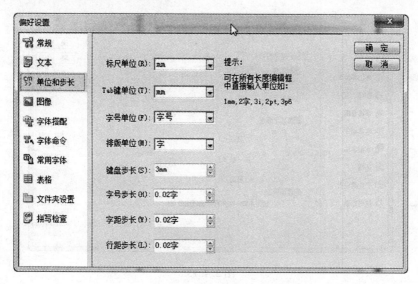

图2.4.12

① 标尺单位。即版面上标尺的单位,也可以将鼠标置于标尺上,单击右键,在右键菜单里修改标尺单位。

② Tab键单位。指定TAB键标尺单位,选择【窗口】/【文字与段落】/【TAB键(Ctrl+Alt+I)】,可调出TAB键。

③ 字号单位。指定默认字号单位。

④ 排版单位。包括字距单位、行距单位、字母间距单位、段落缩进单位(段首、悬挂)、段前/后距单位、左/右缩进、沿线排版中字与线的距离、装饰字、段落装饰的离字距离、分栏的栏间距。

⑤ 键盘步长。使用键盘对版面元素进行微调时的步长,包括移动光标、微调对象位置等,按下Ctrl键时移动$\frac{1}{10}$步长,按下Alt键时移动10倍步长。

⑥ 字号步长。通过快捷键微调字号属性时的步长,按下Ctrl+8时以该步长缩小

字号,按下 Ctrl+9 时以该步长放大字号。

⑦ 字距步长。通过快捷键微调字距属性时的步长,按下 Ctrl+"+"时以该步长扩大字距,按下 Ctrl+"-"时以该步长缩小字距。

⑧ 行距步长。通过快捷键微调行距属性时的步长,按下 Alt+"+"时以该步长扩大行距,按下 Alt+"-"时以该步长缩小行距。

说明:除统一在此处设置单位外,飞腾创艺支持在界面上所有编辑框内直接输入单位,如选中文字,按快捷键 Ctrl+M,在"行距与行间"对话框内输入"5.25Pt",则下次打开该界面时,将默认以 Pt 为单位。单位"磅"的书写方法可以为".",例如"5."和"5pt"都可以表示"5 磅"。

（4）图像

偏好设置里图像的选项如图 2.4.13 所示:

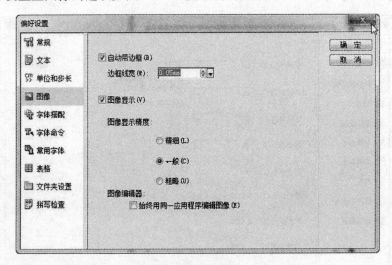

图 2.4.13

① 自动带边框。灌入图像时自动为图像带边框,此时可以在"边框线宽"编辑框内指定线宽。不选中该选项,则排入的图像边框为空线且保留线宽值。

② 图像显示。图像排入飞腾创艺时默认的显示精度,可选择精细、一般或粗略。图像显示精度越高,图像越清晰,但会相应降低操作速度。因此,飞腾创艺对于图像显示精度分了等级,用户可以根据需要选取合适的默认显示精度。

【小贴示】

图像排入飞腾创艺后,可以单独修改选中图像的显示精度,选择【显示】/【图像显示精度】,即可在二级菜单下选取需要的显示精度。

③ 图像编辑器。始终使用同一应用程序编辑图像。该选项用于控制从飞腾创艺版面上打开图像的程序。选中该项,则选中图像,点击【编辑】/【启动图像编辑器】后,

用同一应用程序打开图像。

(5)字体搭配

偏好设置里字体搭配的选项如图2.4.14所示：

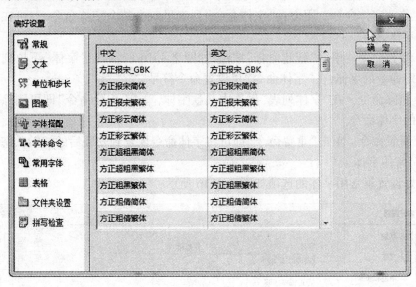

图 2.4.14

每一款中文字体对应一款英文字体,双击"英文"列表里的某款字体,即可在弹出的字体下拉列表里修改搭配的英文字体。当选取中英文混排的文字设置字体时,只需要设置中文字体,则英文字体自动设置为对应的英文字体。

(6)字体命令

偏好设置里字体命令的选项如图2.4.15所示：

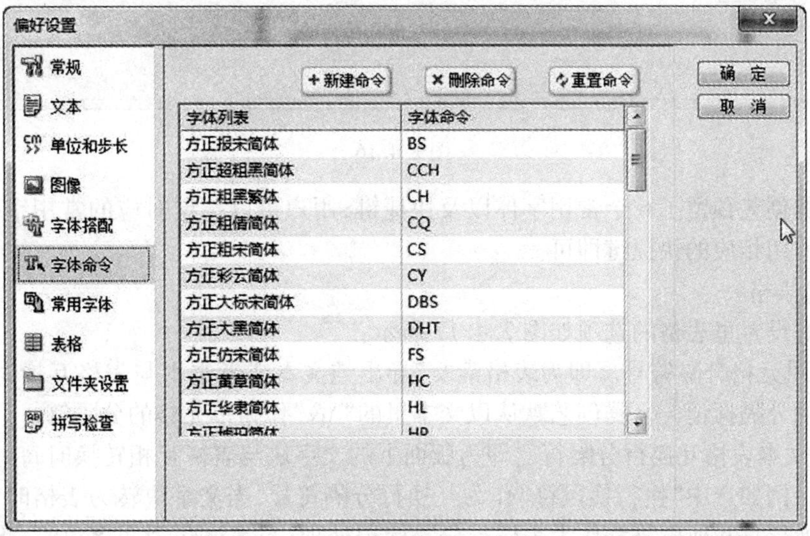

图 2.4.15

排版时选中文字,按 Ctrl+F,弹出"字体字号设置"对话框,在"输入字体号"编辑框里可直接输入字号和字体。例如"10. HL"表示 10 磅方正华隶简体字,HL 即为方正华隶简体的字体命令。

　　① 修改字体命令。用户在"字体命令"列表里双击某个字体命令,即可在编辑框内修改字体命令。

　　② 新建命令。单击"新建命令"按钮,如图 2.4.16 所示,在"字体"下拉列表里选择要指定命令的字体,在"字体命令"里设置命令符号。

　　③ 删除命令。在"字体列表"里选中某款字体,单击"删除命令"即可删除字体名和对应的字体命令。

　　④ 重置命令。单击"重置命令"即可将字体命令恢复到安装后的初始状态。

　　(7)常用字体

　　偏好设置里常用字体的选项如图 2.4.16 所示:

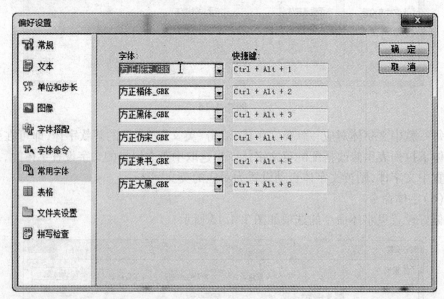

图 2.4.16

　　飞腾创艺预留了 6 个常用字体以及快捷键,用户可以指定对应的常用字体,设置字体时使用相应的快捷键即可。

　　(8)表格

　　偏好设置里表格的选项如图 2.4.17 所示:

　　① 单元格分隔符号。即为表格灌文、导出纯文本或者文本与表格互换时各单元格之间的分隔标记。飞腾创艺默认以文本里的"\&"作为单元格的分隔符。

　　② 文本表格互换行分隔符。即为版面上的文字块与表格互相转换时每一行的分隔符号。例如选中"换行换段符"作为互换行分隔符号,当文字块转为表格时,文字块内所有换行符和换段符都作为表格行分隔标记处理;当表格转为文字块时,将表格行分隔符号都转为换段符。如图 2.4.17 所示,以"\&"作为单元格分隔符,以"换行换段

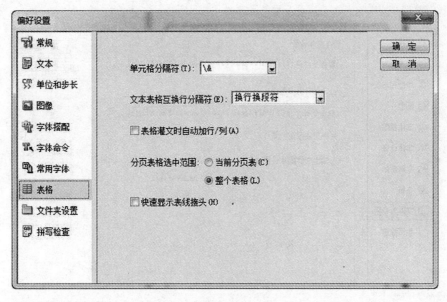

图 2.4.17

符"作为文本与表格互换行分隔符。

③ 表格灌文时自动加行/列。默认不选中此项,则当表格无法容纳灌入的文字时,出现续排标记。选中此项,则当表格无法容纳灌入的文字时,将自动增加行或列排入文字。表格横排时在表格结尾处自动增加行,表格竖排时在表格结尾处自动增加列。

④ 分页表格选中范围。当一个表格分为多个分页表时,在表格里按 Ctrl+A 可选中的单元格范围。选择"当前分页表",执行 Ctrl+A 时,只选中单元格所在的分页表;选择"整个表格",执行 Ctrl+A 时,选中整个表格。

⑤ 快速显示表线接头。当表线为双线或者其他线型时,表线接头需要特殊处理,此处选择是否对接头处进行快速显示。

(9)文件夹设置

偏好设置里文件夹设置的选项如图 2.4.18 所示:

① 暂存文件设置。缺省时,飞腾创艺将运行过程中的暂存文件保存在安装路径下的目录里。用户可以在"暂存文件夹"的编辑框内输入新的保存位置,或点击"浏览"按钮选择新的保存位置。

② 文件备份设置。保存文件的同时,自动在指定路径下另存一份文件,每执行一次保存文件命令,即生成一个备份文件。另存文件的缺省路径为安装路径下的 document 目录。用户可以通过"另存文件在"修改另存文件的路径,也可以通过"另存文件数量上限"设定另存文件的数量,允许输入 0~9999 范围内的数值。另外,在备份文件所在的路径下还将生成一个 Lastname. txt 的文本文件,记录哪个文件为最后版本。

③ 输出文件副本设置。在输出文件的同时,另外自动创建该输出文件的副本。

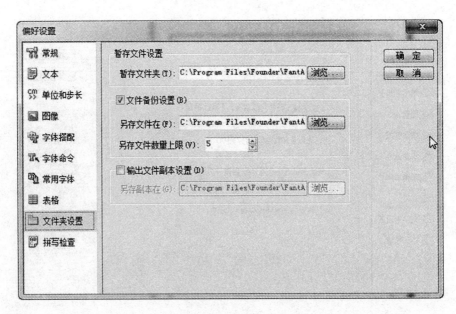

图 2. 4. 18

例如将当前版面输出为"Founder. PDF",在输出副本所指定的文件夹里同时生成"Founder(副本). PDF"。输出文件副本的缺省路径在飞腾创艺安装目录下,用户可以通过"浏览"更改输出路径和文件夹。

(10)拼写检查

偏好设置里接写检查设置的选项如图 2. 4. 19 所示:

图 2. 4. 19

系统默认对美国英语进行检查,用户可以改为其他语种。选择【文件】/【工作环境设置】/【偏好设置】/【拼写检查】，在"字典"里选择需要检查的语言即可。在"检查类型"选项组里，用户还可以选择关闭一些检查，以加快版面检查的速度。

（三）工作环境中其他设置

1. 插件管理

方正飞腾创艺提供了多个插件，在"插件列表"中列出了方正飞腾创艺已经安装的所有插件。单击某个插件，会在"插件信息"里显示该插件的基本信息。

选中插件，即表示启用该插件，不选中插件，即表示关闭该插件。完成设置后，点击"确定"。

2. 色彩管理

飞腾创艺引进业界标准的 ICC 色彩管理，支持导入 ICC Profile，使版面效果显示的色彩更加接近实际印刷效果。

3. 字体集管理

使用字体集可以管理本机 Fonts 目录下的字体，将需要的字体创建为字体集，在飞腾创艺里使用。字体集作为系统环境量，应用于本机上所有飞腾创艺文档。

在字体集管理中，可以创建字体集、添加字体、应用字体集。

4. 字心字身比设置

字心字身比设置是指保持字体占位大小不变，修改字体的外形大小。当版面文字比较密集的时候，通常会修改字体的字心字身比例，例如调整到 100% 以下，使字符在占位空间不变的情况下收缩字体尺寸，那么整个版面看起来比较宽松。

5. 复合字体

复合字体可以设置中文、外文、数字和标点的匹配关系，并可以调整中英文混排时中文、外文、数字和标点的字符基线、字心宽、字心高等参数。复合字体作为环境量，应用于本机上所有文档。

6. 键盘快捷键

关于键盘快捷键的相关介绍已经在上一章有所阐述，在此不再赘言。

二、版面设置

新的文件开始排版前，首先需要根据版式要求，设定"版面大小"、"页面边距"等参数。在飞腾创艺里，选择【文件】/【版面设置】，可以设定"版面大小"、"版面边距"等常规参数，也可以设定"背景格"、"缺省字属性"、"输出标记"和"出血"。飞腾创艺还可以将版面参数定义为模板，下次使用时直接使用模板即可。版面边框线如图 2.4.20 所示，由内至外依次为"版心线"、"警戒内空线"、"页面边框"、"出血线"。

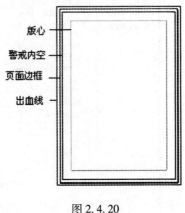

图 2.4.20

（一）常规

选择【文件】/【版面设置】，弹出"版面设置"对话框，选择"常规"标签，如图2.4.21 所示，可以设置版面大小、页面边距、装订次序、纸张方向，单面印刷、双页排版、起始页为右页等参数。

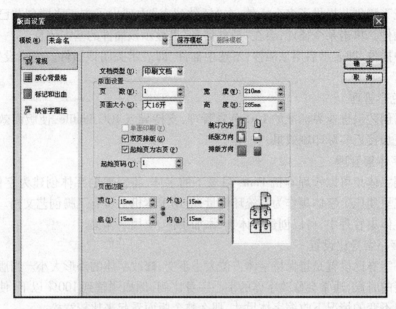

图 2.4.21

（二）版心背景格

版心背景格设置如图 2.4.22 所示：

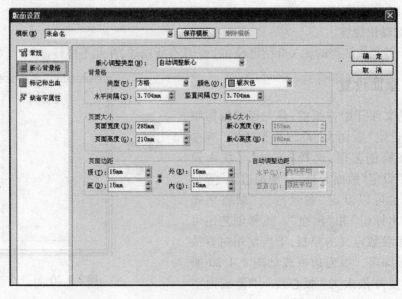

图 2.4.22

（三）标记和出血

在"版面设置"对话框单击"标记和出血"标签，如图2.4.23所示，可以设置版面标记、输出时的裁切标记、出血标记、套位标记，并设置出血值。出血线是为了使画面更加美观、更加便于印刷。

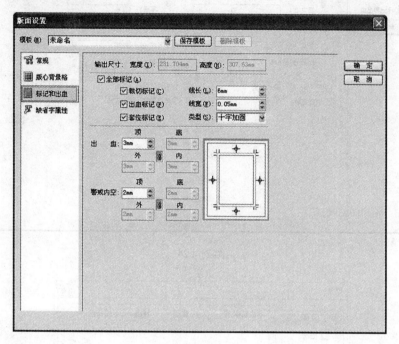

图2.4.23

（四）缺省字属性

在"版面设置"对话框单击"缺省字属性"标签，如图2.4.24所示，在窗口中可以设置缺省字的字体、字号、字距和字间、行距和行间等属性。

三、主菜单中其他主要设置

以上关于飞腾创艺5.3的基本操作设置是基于"文件"下拉菜单中的各种功能。下面将简单介绍主菜单中其他列表中的主要设置。

（一）"文件"下拉菜单

1. 预飞

在上一章中已经对"预飞"功能进行简单的介绍，而在此章中，将对"预飞"功能有更为详尽的介绍。

点击文件下拉菜单中的预飞功能，将出现预飞对话框，如图2.4.25所示：

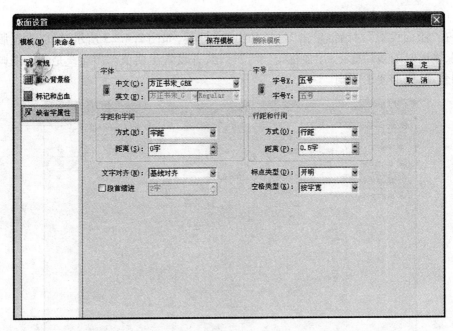

图 2.4.24

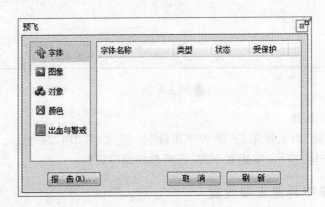

图 2.4.25

"预飞"对话框显示信息如下所示：

① 字体：预飞时检查到文件中缺字体、缺字符或存在字体受保护的状态，将在"字体"窗口中列出对应的字体名称、字体类型、"缺字体"等状态。

② 图像：预飞时检查到文件中缺图或图像被更新时，将在"图像"窗口中列出图像文件名、图像所在页面、图像文件的路径。

③ 对象：预飞时检查续排文字块或表格块、空文字块、图压文、字过小、线过细和不输出的图层。"字过小"是指字号小于 2 磅，"线过细"是指线宽小于 0.15 磅。

④ 颜色：预飞过程中检查到文件中使用了 RGB 颜色时，在"颜色"窗口中显示采用了 RGB 颜色的对象、对象所在的页面，并显示采用 RGB 颜色的图像文件的路径。

使用了 RGB 颜色的对象可以是文字、图元或图像。

⑤ 出血与警戒：当预飞时检查到文件中有内容超越出血线或警戒内空时,将在"出血与警戒"窗口中列出该状态,并显示对应的页面。

2. 转黑白版

出版物需要印刷为黑白(灰度)版面时,可以使用方正飞腾创艺中转黑白版的功能,这项功能将原彩色版面的飞腾创艺文件另存为一份黑白版面的飞腾创艺文件,并将版面里的灰度图收集在新建的文件夹内。同时,生成的黑白版文件可以打开,进行灰度设置,修改文字等操作。

在"文件"下拉菜单中点击"转黑白版",将会出现对话框,如图 2.4.26 所示:

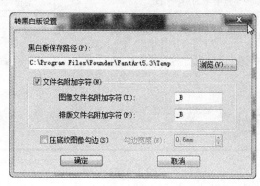

图 2.4.26

首先,黑白版保存路径。默认为飞腾创艺安装目录的 temp 文件夹,用户可以点击"浏览"按钮,将转换后的飞腾创艺文件保存在其他文件夹下。

其次,文件名附加字符。选中"文件名附加字符",在"图像文件名附加字符"编辑框内指定收集的黑白图像的文件名附加字符。例如附加字符为"_B",则黑白图像文件名为" * _B.JPG"(转黑白版时,将文字块转为全黑,灰度图为无损压缩的 jpg 格式)。在"排版文件名附加字符"编辑框内指定黑白版飞腾创艺文件名后添加的附加字符,如附加字符"_B",则飞腾创艺文件名为" * _B. vft"。

最后,压底纹图像勾边。选中该项,并在"勾边宽度"编辑框内设定勾边值,则对文字压在图像底纹上的部分勾边。

注意:给文字加了彩色下划线后,如果将该文字块作为盒子插入到文字里,转黑白版时下划线颜色不会转换,此时建议手动修改下划线颜色。

3. 打包

为方便输出中心检查文件信息,飞腾创艺提供打包功能,收集版面上的图像文件,并统计版面中用到的字体和图像等信息,将这些信息生成打包报告。

(二)编辑下拉菜单

"编辑"菜单中的主要功能是对操作对象进行一系列的加工、编辑,包括撤销、剪切、复制、粘贴等功能。比较重要的功能是"插入 OLE 对象"以及"拼写检查"功能。其中,"拼写检查"功能在上一章已经有所阐释,这一章中主要介绍"插入 OLE 对象"

功能。

OLE 是英文 Object Linking and Embedding 的缩写,中文翻译为"对象链接与嵌入",是一种用于在不同程序之间交换数据的技术。OLE 对象即通过 OLE 技术将其他应用程序的文件插入到飞腾创艺版面的对象,插入版面的 OLE 对象具有可编辑的特点。例如将 word 表嵌入飞腾创艺版面,双击该表,就会出现 word 的工具条,可以编辑表格内容。OLE 技术的使用,增强了飞腾创艺排版软件的扩展性与易用性。

点击"编辑"下拉菜单中的"插入 OLE 对象"按钮,出现如图 2.4.27 所示对话框。

图 2.4.27

1. 新建的 OLE 对象

在"对象类型"里选择创建的对象类型,如 Adobe Acrobat Document 图表。单击"确定",即可启动"对象类型"对应的应用程序,并自动创建一个 pdf 新文件。完成绘图或图像编辑后,关闭应用程序文件,返回飞腾创艺程序,将灌文光标点击到版面即可插入 OLE 对象。如图 2.4.28 所示,在版心中插入一个 pdf 文档。

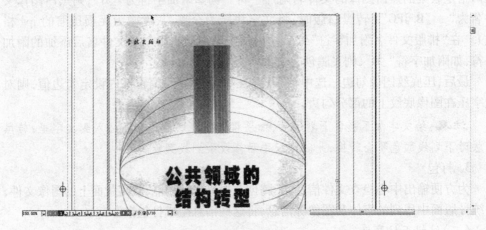

图 2.4.28

注意:如果在对话框内选中"显示为图标",则在版面上插入应用程序图标和图标说明,不显示文件内容,双击图标可切换到应用程序进行编辑。如图 2.4.29 所示:

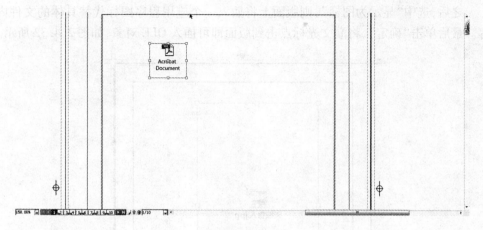

图 2.4.29

2. 由文件创建 OLE 对象

如图 2.4.30 所示,点击"由文本创建"按钮,单击"浏览"按钮,选择插入的文件。如果选中"链接",则对象以链接方式插入版面。此时,插入到飞腾创艺版面上的对象与源文件数据之间保持链接关系,当源文件更新时,版面对象自动更新。如果不选中"链接",则对象以嵌入方式插入版面,独立于源文件,如图 2.4.31 所示。

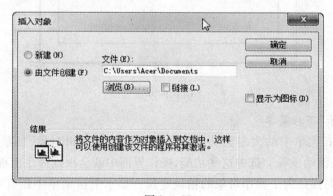

图 2.4.30

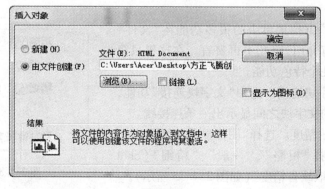

图 2.4.31

之后,选中"显示为图标",则版面上将插入一个应用程序图标代替具体的文件内容。最后单击"确定",将灌文光标点击到版面即可插入 OLE 对象,如图 2.4.32 所示。

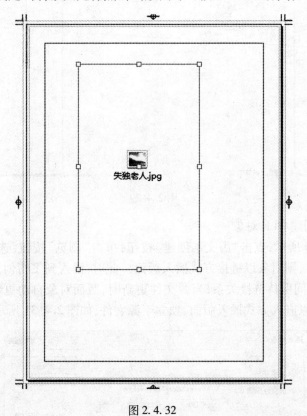

图 2.4.32

(三)"显示"下拉菜单

"显示"下拉菜单中的大多数功能都以操作界面为编辑对象,如显示比例、提示线、标尺、状态、滚动条等。选中这些功能,操作界面中就会根据命令出现相应的图示。这些功能很多时候是为了操作对象的精确定位。显示下拉菜单中还有些功能是以图像、文字为操作对象的,如"图像显示精度"、"文字块链接标记"、"多音字拼音标记"等。

由于"显示"下拉菜单中的很多功能在"文件"下拉菜单中都有介绍,因此不再赘言。在这里只简要介绍菜单中几个特色功能。

1. 显示文字块连接。选中"文字块连接"功能,在有连接关系的文字块之间显示出一条连接线。

2. 图像显示精度。选择"图像显示精度",在二级菜单里可选择"粗略"、"一般"、"精细"(Shift+:)、"RIP"或"取缺省精度"(如图 2.4.33 所示)。

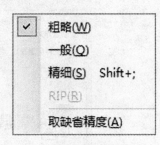

图 2.4.33

需要注意的是,图像显示精度越高,显示速度越慢;显示精度越低,则显示速度越快。初排阶段一般选粗略和一般。

3. 页面布局风格。设置页面的显示风格,包括"传统风格"和"体验风格"。"传统风格"是传统的单屏幕显示方式,一屏内只能显示一页,多页文档可以点击窗口左下角页码标签翻页;"体验风格"是多页显示方式,一屏内可以显示多页,使用鼠标滚轮上下翻页。

(四)"版面"下拉菜单

"版面"下拉菜单是针对页面对象进行的编辑,包括翻页、插入页面、移动页面、删除页面等,这些功能将在第九章中结合具体案例进行介绍。

"版面"下拉菜单中的其他功能如下:

1. 捕捉

捕捉是指对象移动或缩放时可以捕捉某些标识,即自动吸附并贴靠某个标识。使用捕捉可以方便对对象进行准确的定位。在飞腾创艺5.3中,提供以下几种对象捕捉方式,如图2.4.34所示。

(1)捕捉页边框、版心线、出血线和警戒线、提示线。设置这几个功能后,当对象移动到页面边框及相应线位附近时,或在缩放对象时将缩放点移动到页面边框及相应线位时都会产生吸附效果,自动贴近边框线。

(2)捕捉标尺。一般来说,随着对象的移动或缩放,在标尺上始终都能看到虚线轨迹,显示对象移动或缩放的位置。当设置捕捉标尺后,只有当对象移动到标尺刻度线位置时,才会在标尺上显示移动痕迹。

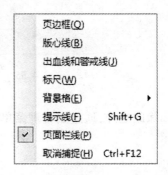

图2.4.34

(3)捕捉背景格。对象的缩放和移动操作将以背景格的单位宽度和高度为单位,根据设定的值整字、整行、半字的移动。

(4)捕捉页面栏线。该选项用于设置文字块边框捕捉版心背景格的栏边线,便于文字块贴齐版心栏线排版。

2. 层管理

飞腾创艺可以将对象分组,分别放在不同的层中,层与层之间是独立存在的,在一个层上进行的操作,不会影响到其他层。在使用飞腾创艺排版时,可以把排好的、位置固定不变的对象放在一个层中,然后将其设为不可见层,同时该层亦不可被编辑,用以避免不必要的麻烦或重复工作,从而提高工作效率。在进行封面设计时,可以把文字放在一层上,把图片放在一层上,把背景放在一层上,修改时可以针对某一层进行,不会影响其他层。修改完成后,再合并层。

点击"版面"下拉菜单,选中"层管理",即出现层管理窗口,如图2.4.35所示:

(1)层显示:该层对象显示在版面上;单击图示👁,当图示上有红色X显示时,表示隐藏该层,同时该层对象在输出时不输出。

（2）层编辑：表示该层处于可编辑状态；单击图示✎，当图示上有红色 X 显示时，表示该层不可编辑。

（3）层输出：输出时该层对象可输出；单击图示🖨，当图示上有红色 X 显示时，表示该层不可输出。

（4）🖌表示当前工作的层：点击窗口右上角的三角按钮，将出现层管理菜单窗口，可对其进行编辑。如图 2.4.36 所示：

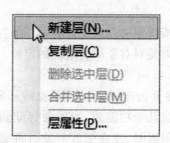

| 图 2.4.35 | 图 2.4.36 |

除此之外，通过层管理菜单窗口的右下方，也可以对图层进行编辑，如图 2.4.37 所示：

图 2.4.37

（5）上移：选中层，单击⬆按钮，则选中层上移一层。

（6）下移：选中层，单击⬇按钮，则选中层下移一层。

（7）新建层：单击按钮，快速创建一个新层。

（8）删除选中层：单击按钮，删除选中的层。

3. 页码、目录

在杂志及书刊的编辑中，常需要添加页码、编辑目录。关于页码、目录的添加与编辑，将在第九章中结合案例进行详细介绍。

4. 拼注音

在很多儿童读物的版面编辑中，需要对不认识的汉字加拼注音。在方正飞腾创艺中，就专门设置了为汉字加拼注音的功能。下面以诗歌为例，介绍如何为汉字添加拼注音，如图 2.4.38 所示。

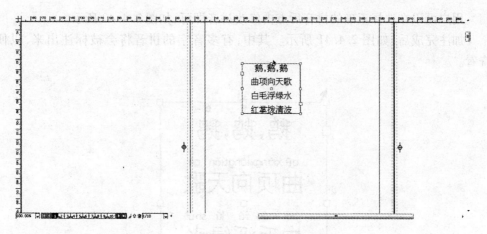

图 2.4.38

首先，在"版面"下拉菜单中，点击"拼注音"，选择自动加拼注音，得到如图 2.4.39 所示的窗口：

图 2.4.39

窗口默认拼注音排版方式为无。点击自动加拼音选项，之后可以选择拼音所加位置、字体、颜色等属性。

在遇到多音字时，会出现"选择多音字"窗口，如图 2.4.40 所示：

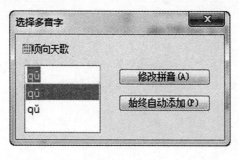

图 2.4.40

用户可以在选择正确的拼音后点击修改拼音即可,如图 2.4.40 所示。

加注完成后,如图 2.4.41 所示。其中,有多音字的拼音将会被标注出来,以便查看。

图 2.4.41

关于"文字"菜单、"格式"菜单、"对象"菜单、"美工"菜单、"表格"菜单、"窗口"菜单中的各项功能,将在后面章节陆续进行阐释。

本章小结

本章主要介绍飞腾创艺 5.3 的基本操作设置,即如何新建、打开、保存文件,如何输出、打印、恢复等。此外,本章学习的重点在于各项工具的掌握与使用。通过本章的学习,读者能够更深刻地了解飞腾创艺 5.3 作为专业的排版软件是如何操作的。熟悉掌握本章的内容,能够为后面章节的学习打下坚实的基础。

第三章　文字处理

【预备知识】

在了解了方正飞腾创艺 5.3 的基本功能和界面介绍以后,新建文件并设置好所需要的版,接下来的重点就是排入文字。本章重点讲解文字块的导入方法,文字块的编辑和调整,文字的处理方法,以及文字的特殊效果与美化。通过对文字处理基本功能的介绍,读者能够活学活用,利用文字处理效果,设计出更吸引眼球的作品。

第一节　文字的基本处理技巧

一、创建与编辑文字块

(一)文字块创建和导入

1. 文字的输入

在方正飞腾创艺中,文字块是文字排版的核心载体。本节重点介绍文字块的导入。

方正飞腾创艺 5.3 在原有的软件基础上新增了一些功能,使得导入文字的格式增多,方便了对文字块导入的操作。一般情况下,可以通过以下三种方法排入文字形成文字块。

方法 1:使用文字工具录入或粘贴已经复制过的文字。

方法 2:用文字工具在版面单击后按住鼠标左键不放,拖拉出一个可以排版的文字块。

方法 3:排入文字,即将文字文件、Word 等外部文件导入到飞腾创艺里。

这里的方法 3 是本节重点介绍的内容,也是方正飞腾创艺新增的功能。

(1)排入小样

具体操作步骤如下:

① 单击工具条中的 📷 按钮,弹出"排入小样"对话框。在"查找范围"下拉列表中找到目标文件夹,点击目标文件,如图 3.1.1 所示。

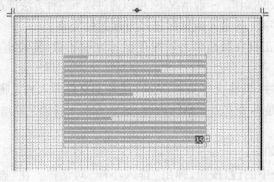

图 3.1.1

此时,在如图3.1.1所示的对话框中,右侧显示预览内容,可以确定所选文件是否为目标文件。同时确保"回车(换行)符转换"复选区内的"换段"、"英文/数字全角转半角"、"过滤段前/后空格"、"转为中文标点"为勾选状态。

【小贴示】

可以按住 Shift 键或 Ctrl 键,在文件列表框中选择多个要排入的文件。

注意:复选框的选项内容是飞腾创艺5.3的新增功能,可以让导入文字块更加方便快捷。复选框内的选项根据具体导入文字块的特点需要自行选择。其中,"换段"、"英文/数字全角转半角"、"过滤段前/后空格"是系统默认勾选的,其他内容可自行按需要设置。

② 单击"打开"按钮,此时鼠标指针会变成 ▤,如果直接用鼠标左键在所设置的版面上单击或者在版面上拖画出一个文字块,就会将文字排入版面。也可以按需要拖拽文字排版光标,形成任意大小的文字块,如图3.1.2所示。

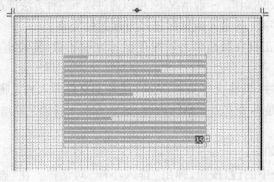

图 3.1.2

【小贴示】

● 文字排版光标█点击版面时,如果按住 Ctrl 键点击版面中版心以内的区域,则生成与版心大小相同的文字块,并自动贴齐版心。当同时排入多个文件时,鼠标左键每单击一次版面,排入一个文件,按照与文件一一对应的关系依次生成多个文字块。

● 在排入单个文件时,按住 Shift 键,图标显示为█,这时为自动灌文;如果按住 Shift+Alt 键,排入图标显示为█,这时为半自动灌文,即可以一页排完后,按住 Shift+Alt 键再排入一页,就可以将文件排入不同页内。

● 在【排入小样】对话框中没有选择【替换原文章】,那么在点击到其他文字块或图元上时,会弹出【替换/追加】对话框,如图 3.1.3 显示。选择【替换】,则用排入文字内容替换原内容;选择【追加】,则在原文章末尾接着排文字;选择【生成新文字块】,则生成新的文字内容。

图 3.1.3

● 排入文本文件(*.txt)时,可以直接从 Windows 资源窗口将文件拖入到飞腾创艺里,自动创建文字块。

"排入小样"对话框参数介绍如下。

● 预览:即显示排入文件的内容,以帮助确认所排入的文件。

● 回车(换行)符转换——忽略:排版时忽略文字里的回车符,后面的字符接着回车符前面的内容排。

● 回车(换行)符转换——换行:将回车符转换为飞腾创艺的换行符,回车符后的内容在下一行中排版。

● 回车(换行)符转换——换段:将回车符转换为飞腾创艺的换段符,回车符后的内容在下一段中排版。

● 回车(换行)符转换——单元格分隔符:该选项用于表格灌文。默认情况下在进行表格灌文时,回车符是将内容排到下一行表格的标记,选择此处则表示将回车符作为排到下一个单元格的标记,回车符后的内容排到下一单元格。此外,用户还可以在"单元格分隔符"下拉列表中选择其他的单元格分隔符。

● 英文/数字全角转半角:将排入文件中全角英文或数字转换为半角。

● 转为中文标点：此项用于将英文标点转换为对应的中文标点。

● 源码是 GB/BIG5 码：在繁体环境中，该选项为"源码是 GB 码"；在简体环境中，该选项为"源码是 BIG5 码"，用于保证排入的相应编码的小样文件效果是正确的。

● 过滤段前/后空格：去掉排入文件中段前空格或段后空格。

● 自动灌文：选中此项，排入文字时，当一页排不下会自动排到下一页。如果页数不够，会自动生成新页，直到文字排完为止，多用于排篇幅较大的文章。如果不选中该核取对话框，则最多只排一页，其余部分需要手动排版。当一次灌入多个文件时，自动灌文选项置灰，不可选。

● 替换原文章：保持原文字块形状不变，用新文字替换原文字。

（2）排入 Word 文件

能够直接将 Word 文件导入到飞腾创艺中是 5.3 版本的新增内容，可以轻松地将 Word 文件中的格式导入到飞腾创艺中，无须重新排版，大大方便了使用者。

注意：若本机没有安装 Word 2007，需要安装 Microsoft Office 兼容包；若需要导入含有 mathtype 公式的 Word 文档，则本机需要安装 mathtype6.5 或以上版本。

具体操作步骤如下：

① 单击工具条中的 按钮，弹出"排入 word 文件到版面或指定的文字块中"对话框。在"查找范围"下拉列表中找到目标文件夹，点击目标文件，如图 3.1.4 所示。此时系统默认勾选"自动灌文"、"导入选项"。"自动灌文"可以自动加页，直至将整篇文章排完。"导入选项"可以在"打开"之后弹出"word 导入选项"对话框。

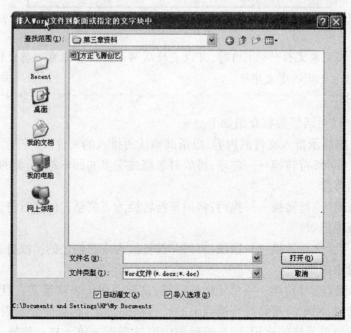

图 3.1.4

② 单击"打开"按钮，此时会跳出"word 导入选项"对话框。这时可以根据具体的

需要设置"导入图像保存路径",设置是否"保留 word 2007 公式的字体属性",决定是"移除文本的样式和格式"还是"保留文本的样式和格式",如图 3.1.5 所示。

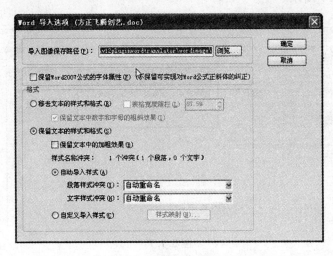

图 3.1.5

注意:

● 最好将【导入图像保存路径】设置成自己保存图像的路径,而不要放在默认路径下,以方便以后修改。

● 建议不勾选【保留 word 2007 公式的字体属性】,以使得导入的公式与飞腾创艺中录入的公式风格统一。

● 选择【移除文本的样式和格式】和【表格宽度随栏】,适合证券类的股市表排版。表格宽度默认按栏宽的 87.5% 导入,如果输入 100%,则与栏宽相等。

● 选择【保留文本的样式和格式】和【自定义导入样式】,则通过【样式映射】将 word 中使用的每种样式映射到飞腾创艺的对应样式中,可以选择使用哪些样式来设置导入文本的格式。这样可以使导入后的文字内容不用再做排版设置,因为已经都按需要排好了,如图 3.1.6 所示。

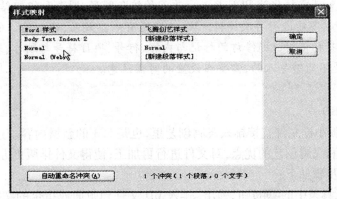

图 3.1.6

③ 单击【确定】按钮,此时鼠标指针会变成 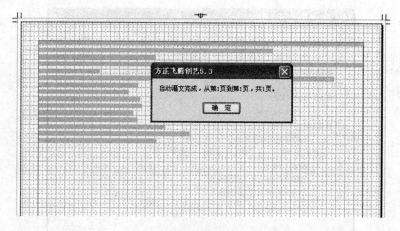,在版面上单击鼠标则可自动灌文成功,如图 3.1.7 所示。

图 3.1.7

④ 单击【确定】按钮,则可以按住并拖拽文字边框按需要调整文字块的大小。

注意:

● 飞腾创艺支持排入四个版本的 Word/Excel 文件:Office 2000、Office XP、Office 2003、Word 2007。排入前,本地计算机上必须装有 Office 2000 以上的相应版本。

● 对于 Word 文件,转化为纯文本后排入时,会保留 Word 文件中的换行/换段符、Tab 键和空格。

【小贴示】

目前飞腾创艺对 Word 文档中的内容与属性的支持程度很高,包括文字、文字属性及文字样式、段落属性及段落样式、图像、表格、公式、文本框及属性、拼音、组合图形、图表、组织结构图、OLE 对象等都可以很好地导入。飞腾创艺支持的图像格式在 Word 兼容导入时均全部支持;飞腾创艺不支持的图像格式,如 emf、wmf 需转化为 PDF 导入。导入的组合图形、图表和组织结构图转化为 PDF 导入,不能进行再次编辑。Word 中还有一些效果,比如尾注的标记、索引标记、书签标记、批注\修订的标记与内容、行号、项目符号与编号、表格样式、域公式等是不能够导入的,需要在设置的时候注意。

---

(3)排入 BD

将 BD 书版小样文件直接排入飞腾创艺里,也是 5.3 的新增内容。这种功能更好地结合了书版和飞腾创艺的优点,对文件进行再加工,使得文件排版更方便、更美观。

具体操作步骤如下:

① 单击工具条中的 **BD** 按钮,弹出"排入 BD 文件到版面或指定的文字块中"对话框。在"查找范围"下拉列表中找到目标文件夹,点击目标文件,如图 3.1.8 所示。

图 3.1.8

此时,勾选"自动灌文"飞腾创艺会自动加页,直至将整篇文档全部排完;勾选"导入选项",在单击"打开"时会弹出"BD 导入选项"对话框。

② 单击"打开"按钮,会跳出"word 导入选项"对话框。此时会自动选择对应的 PRO 文件,如有补字文件和图片文件,可进行选择,如图 3.1.9 所示。

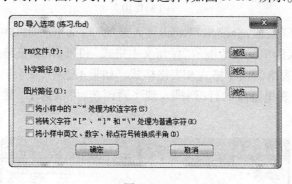

图 3.1.9

③ 单击【确定】按钮,此时鼠标指针会变成 ，经过预设处理之后,在版面上单击鼠标则可自动灌文成功。如果选中【自动灌文】,单击会将文件全部排入;如果【自动灌文】没有选中,单击会排入一页,若文件很长在一页没有排完,则出现续排的标记。

注意:由于飞腾创艺与书版的排版表达能力不完全相同,因此在兼容过程中存在注解的损失和排版效果的差异,应当在排版时加以注意,丢失和改变的格式内容如有需要需自行加以修改。

（4）排入 Excel 表格

飞腾创艺能够排入 Excel 表格并能够继续编辑该表格。

【小贴示】

　　飞腾创艺兼容的 Excel 表格版本包括：Excel 2000、Excel XP、Excel 2003、Excel 2007。排入 Excel 表格前，本地计算机上必须安装有 Excel 2000 以上的版本。

具体操作步骤如下所示：

① 单击【文件】/【排入】/【Excel 表格】，弹出"打开"对话框。在"查找范围"下拉列表中找到目标文件夹，点击目标文件，如图 3.1.10 所示：

图 3.1.10

② 单击"打开"按钮，会跳出"Excel 置入选项"对话框。此时可以指定需要排入的工作表以及排入的单元格范围。"保留文本格式"和"保留表格格式"默认为选中状态，可以保留原有表格的文本格式和表格格式。如果不选中，则会转化为纯文本导入。如果希望将 Excel 表里隐藏的行/列排入到飞腾创艺，可以选中"置入隐藏行/列"，如图 3.1.11 所示。

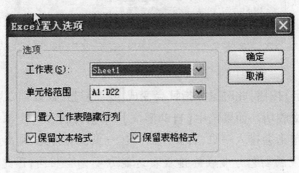

图 3.1.11

注意：单元格范围默认为选择的工作表中已经输入内容的表格范围。

③ 单击【确定】按钮,此时鼠标指针会变成 $\boxed{x}$,在版面上单击鼠标则可自动排入 Excel 表格。可以拖拽边框调整表格大小,如图 3.1.12 所示:

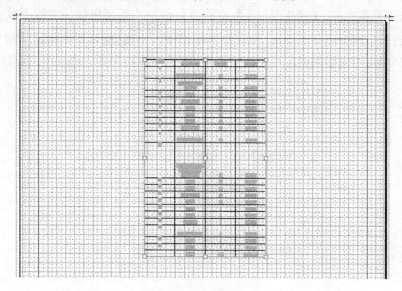

图 3.1.12

注意:

● 排入的 Excel 表格可以基本保留原表格属性,包括:结构、尺寸、线型、底纹、文字属性及格式等。但原 Excel 表中的图表、柱状图、趋势线、批注、超链接等不转换,设置的文字角度转换后变为水平方向 0 角度。可转换的 Excel 表的高/宽最大值为 10000mm,超过此范围的内容不转换。

● 如果排入的表格高度大于版心高度,表格需要续排,单击表格时会出现续排标识。此时选择【版面】下拉菜单中的【插入页面】来插入页面,然后单击续排标识,会出现灌文图标 $\boxed{\equiv}$,在新的页面中单击,会自动将表格续排。

【小贴示】
飞腾创艺支持排入多种格式的文件,包括纯文字文件(* . TXT)、Word 文件(* . DOC)、Excel 表格(* . XLS)和 BD 小样文件(* . fbd)。
排入这四种格式文件的方法有两种,除前面介绍的点击工具条中的小图标外,还可以通过单击【文件】→【排入】的方法来导入文件。或者直接按快捷键来选择,排入小样(Ctrl+D),排入 Word(Ctrl+K)。
飞腾创艺可以输出 PS、PDF、EPS 格式的文件。

2. 文字工具划版

通过文字工具划版,可以为需要排入的报纸稿件、图片等预留合适的位置,完成基本的版式。

具体操作步骤如下：

单击工具箱中的"文字工具" 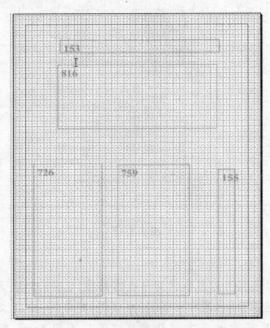，在设置好的空白版面中按住左键不放，拖画出排版区域，将版面分成几个部分，预留文字图片排版位置，也可划出标题区和文字区。为了精确划版，可以借助提示线来辅助操作，如图3.1.13所示。

图3.1.13

需要排入文字时，使用选取工具选中文字块排入文字，或使用"文字工具"点击到文字块录入文字即可。

【小贴示】
    按Ctrl+Q，可以在文字工具与选择工具间切换。

（二）文字块编辑
本节主要讲解文字块的编辑与调整的方法，这是排入文字块后的主要任务。
1. 调整文字块大小
将文字块排入到设置好的版面当中，需要对文字块的大小按照版面要求进行调节。
具体操作步骤如下：
① 使用选取工具，单击工具箱中的 ，选中文字块，将光标放在控制点上。
② 当光标呈双箭头状态时，按住鼠标左键拖动，即可调整文字块大小。
③ 松开鼠标左键即可完成调整。
具体效果如图3.1.14所示。

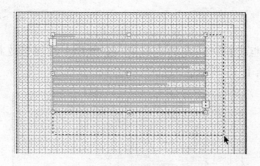

图 3.1.14

飞腾创艺报升版面编辑与设计

【小贴示】

　　要使文字块紧紧包裹住内容,在选取状态下双击文字块即可;如果要对文字块中的文字内容进行编辑,按住 Ctrl 键后双击,即可选中所有文字内容。

2. 调整文字块形状

　　飞腾创艺里的文字块可以调整为任意形状。选择工具箱的选取工具 或穿透工具 ,即可对文字块进行形状调整。

　　方法 1:按住 Shift 键调整为直边文字块。

　　具体操作步骤如下:

　　用选取工具 选中文字块,将光标置于文字块的控制点。当光标呈双箭头状态时,按住 Shift 键,并按住鼠标左键拖拽,即可由水平、垂直折线构成直边文字块;松开左键和 Shift 键,即可完成调整,如图 3.1.15 所示。此时,可以将光标置于不规则文字块的控制点;按住鼠标左键并拖动,可以继续调整不规则文字块的大小和形状。

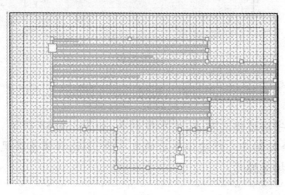

图 3.1.15

　　注意:必须先按住 Shift 键,再按住鼠标左键,然后拖动控制点,才能调整为不规则文字块。

【小贴示】
　　当文字块边框有同一高度的边线时,按住 Ctrl 键调整边框,同一高度的边同时连动,如图 3.1.16 所示:

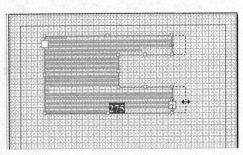

图 3.1.16

　　方法 2:使用穿透工具调整为任意形状的文字块。

　　具体操作步骤如下:

　　选取穿透工具 ,选中文字块,将光标置于控制点,按住鼠标左键不放拖动,即可调整为任意形状的文字块,松开鼠标左键即可完成调整,如图 3.1.17 所示。

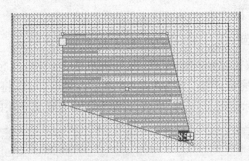

图 3.1.17

【小贴示】
　　可以在文字块边框上双击,增加控制点,如图 3.1.18 所示。双击已有的控制点,则可删除控制点。经过调整后的文字块,不论形状是否规则,都可以进行分栏、横排、竖排等操作。

　　方法 3:使用旋转变倍工具对文字块进行倾斜、旋转和变倍操作。

　　具体操作步骤如下所示。

　　途径①:选取工具箱中的旋转变倍工具 ,单击选中文字块,光标点击到对象控

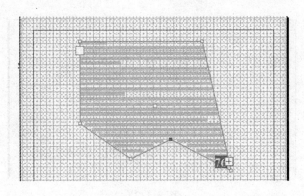

图 3.1.18

制窗口中的"倾斜"编辑框、"旋转"编辑框和"缩放"编辑框内,输入数值,即可实现对文字块的倾斜、旋转或变倍操作,如图 3.1.19 所示:

图 3.1.19

途径②:选取工具箱中的旋转变倍工具,单击选中文字块,光标点击控制点,按住左键不放进行拖拽,即可缩放文字块的大小,如图 3.1.20 所示:

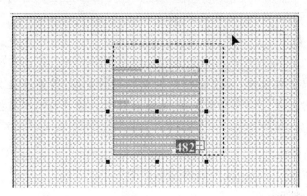

图 3.1.20

途径③:选取工具箱中的旋转变倍工具,双击文字块,将光标移至双箭头的倾斜控制点上,按住左键不放进行拖拽,即可将文字块倾斜,如图 3.1.21 所示。将光标移至文字块四角的旋转控制点上,按住左键不放进行拖拽,即可使文字块旋转,如图 3.1.22 所示:

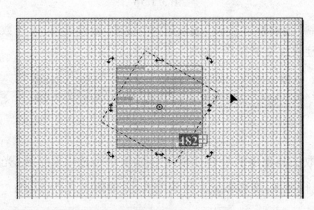

图 3. 1. 21

图 3. 1. 22

【小贴示】

　　使用旋转变倍工具,若以中心为基准等比例变倍,需要按住 Shift 键,并拖动变倍四角控制点。若要任意变倍,则要按住 Ctrl 键并拖动四角控制点。

3. 文本自动调整

"文本自动调整"可以使文字随着文本框的大小而变动。

具体操作步骤如下:

拉大文字块边框,如图 3. 1. 23(a)所示。选择【文字】/【文本自动调整】,或在控制窗口中单击![icon]按钮,框内的文字自动调整为与边框一样大小,如图 3. 1. 23(b)所示:

设置文本自动调整后,可以任意拖动文字框大小,文字始终随框大小变动;也可以继续在框内输入文字或删除文字,文字自动重排,适应外框。

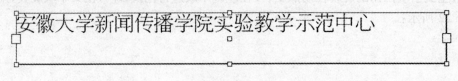

图 3. 1. 23(a)

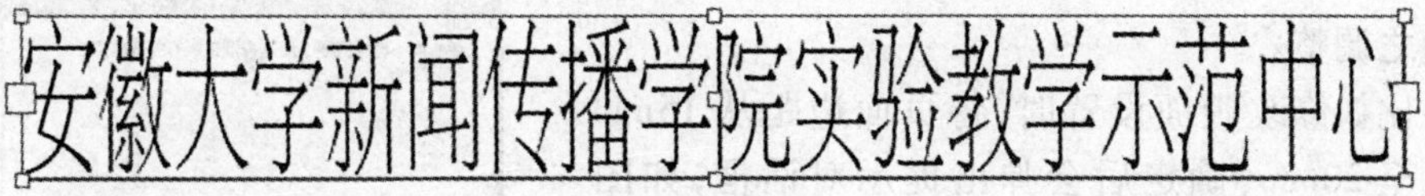
安徽大学新闻传播学院实验教学示范中心

图 3.1.23(b)

4. 框适应图

当文字块中的文字没有占满整个文字块区域时,可以通过双击鼠标左键调整文字块边框大小。或者选中文字块后,选择【对象】/【图框适应】/【框适应图】来执行操作。

【小贴示】

双击分栏文字块,可使每栏底线调整为同样高度。若文字框小于文字区域,也可以双击文字块,执行适应操作,纵向展开文字块。按住 Alt+Ctrl 键,双击文字块,可将文字块横向展开,以尽量将块内文字排在一行内。文字块展开的最大幅度同版心宽。该方法常用于将一段折行的文字调整为不折行。

5. 设置文字块内空

文字块内空用于调整文字块边框与文字之间的距离,使文字块边框与文字有距离,不紧贴在一起。

具体操作步骤如下:

单击选取工具,选中目标文字块。选择【格式】/【文字块内空】,弹出"文字块内空"对话框。此时在"上空"中设置自己想要的距离,例如 4mm,其他默认与"上空"数值相同,如图 3.1.24 所示。单击"确定",图 3.1.25 显示为设置内空后的效果。

文字块内空
上空(T):
下空(B):
左空(L):
右空(R):
确 定
取 消

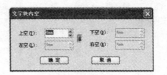

图 3.1.24

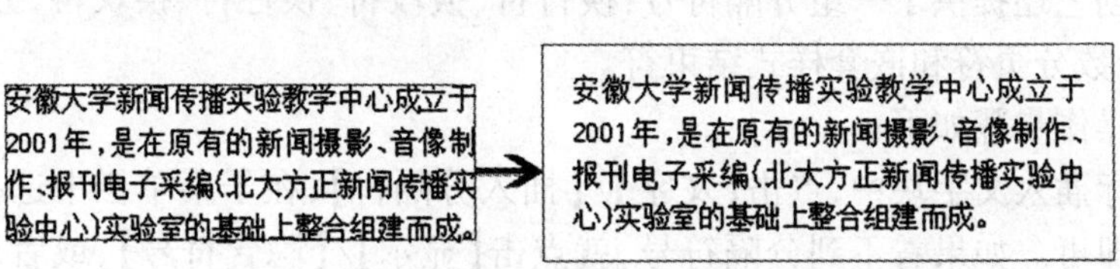
安徽大学新闻传播实验教学中心成立于2001年,是在原有的新闻摄影、音像制作、报刊电子采编(北大方正新闻传播实验中心)实验室的基础上整合组建而成。
安徽大学新闻传播实验教学中心成立于2001年,是在原有的新闻摄影、音像制作、报刊电子采编(北大方正新闻传播实验中心)实验室的基础上整合组建而成。

图 3.1.25

【小贴示】

设置文字块内空还可以通过直接单击文字块,单击鼠标右键下拉菜单中选择的方法来操作。

6. 文字块随版心调整

文本排入以后,在进行版心调整时,文字也能随之调整。

比如修改版面设置时,将页面边距从 15mm 增大至 20mm,确定后会弹出提示对话框,如图 3.1.26 所示。

此时勾选"启动版面调整",则调整时版面内的文字随版面一同调整,调整后的文字流依然与版心同宽。

图 3.1.26

7. 文字块控制窗口

选中单个文字块,控制窗口如图 3.1.27 所示。

在控制窗口里可以精确调整文字块形状和位置,包括文字块大小、位置、缩放比例、旋转、倾斜,并可以进行锁定、解锁、调整叠放顺序等操作。还可以设定文字属性和排版格式,包括文字字体字号、正向横排、正向竖排、分栏和段落对齐方式等(详情请参照文字处理部分)。

图 3.1.27

选中多个文字块,控制窗口如图 3.1.28 所示。在控制窗口里可以设置文字块对齐、文字块线型等。

图 3.1.28

8. 插入分隔符

飞腾创艺还提供了一组分隔符号:换行符、换段符、换栏符、换块符、分页符、偶数分页符、奇数分页符和嵌套样式结束符。

具体操作步骤如下:

将光标插入文字块中,点击【文字】/【插入分隔符】,在子菜单栏中选择自己所需的分隔符即可。如果看不到分隔符号,就点击【显示】/【隐含符号】,或者单击工具条上的☑按钮。

9. 插入盒子

飞腾创艺提供在文字块中插入盒子的功能。盒子作为插入到文字中的对象,可以是图像、图元、文字块或者表格。盒子既可以插入到文字块中,也可以插入到表格单元格里。盒子可以被当作一个普通对象进行操作,也可以设置盒子在文字中的属性。

(1)插入盒子

盒子作为对象插入到文字当中,可以像普通文字一样执行复制、粘贴、剪切功能。

选择选取工具选中要插入文字的盒子,复制或剪切,将光标移至文字中,粘贴即可。

注意:当盒子大于相应字符的 2.5 倍时,则盒子自动独立成行,也可以用右键菜单中的盒子操作设置或者取消独立成行效果。

(2)盒子属性设置

① 调整盒子大小。使用选中工具选中盒子,拖动控制点即可调整盒子大小。

② 释放盒子。即将插入文字的盒子释放出来,还原为独立的对象。只需将盒子剪切出来重新粘贴即可。

③ 盒子大小随文。即盒子等比例缩放,使其高度与文字一致。用文字工具选中盒子,单击【格式】/【盒子大小随文】即可。

④ 盒子互斥。盒子在行首时,可以对本行进行互斥,否则可以对下行文字互斥。使用选取工具选中盒子,右键菜单中选择"图文互斥",在弹出的对话框中,选择"轮廓互斥"或者"外框互斥"进行相关设置即可。

⑤ 盒子独立成行。使用选取工具或者穿透工具选中盒子,通过右键菜单选择"盒子操作",在弹出的菜单中选择独立成行,默认居中,也可以设置居左或居右。

> **【小贴示】**
>
> 当文字块作为盒子时,可以将文字光标点击到盒子里,如普通文字一样修改盒子里的文字。

10. 文字块连接

飞腾创艺提供一篇文章分别排在有连接关系的多个文字块内的功能,前面文字块的内容排不下时,剩余文字自动流向后面的文字块。

(1)文字块连接

在文字块续排时可形成有连接关系的文字块,也可以自己设置文字块的连接。

具体操作步骤如下所示。

① 建立文字块连接。选择选取工具,单击文字块的出口或入口,指针变为▤,移动光标到需要连接的文字块上,此时光标变为连接光标🐾,点击该文字块便可把两个文字块连接起来,如图 3.1.29 所示。

② 断开文字块连接。

方法 1:使用选取工具双击带有三角箭头的入口或出口,则取消文字块之间的连接。

方法 2:使用选取工具单击带有三角箭头的入口或出口,再将光标移动到有连接关系的另一个文字块上,光标变成🐾,单击该文字块即可。

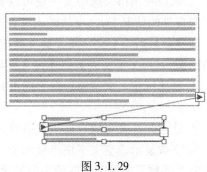

图 3.1.29

③ 改变文字块连接。单击连接线一端(入口或出口),移动到需要连接的文字块,单击文字块即可改变连接,如图 3.1.30 所示。

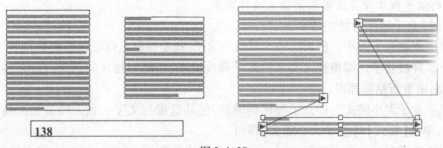

图 3.1.30

注意:如果要改变的新的文字块不为空,则会新建一个文字块。

(2)文字块标记

上面已经介绍如何建立文字块连接,接下来认识一下文字块的各种标记。选中连接的文字块,单击【显示】/【文字块连接标记】或者单击工具条中的 按钮,即可看到文字块的各种标记,如图 3.1.31 所示。

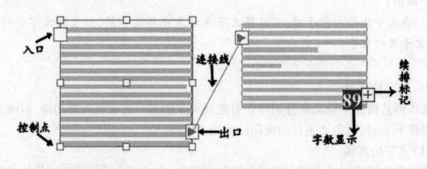

图 3.1.31

① 边框和控制点。选择选取工具,单击文字块,出现文字块的边框线和控制点(文字块的每边都有几个空心小方块,称为控制点)。光标置于控制点变成双箭头,表示可以对文字块进行改变形状大小等操作。

② 入口和出口。选中文字块可以看到,每个文字块都有自己的出口和入口标记,在正向横排的情况下,文字块的入口在其左上方,而出口在其右下方。空心的出口代表一篇文章最后一个文字块或此文章仅有这一个文字块。如果"入口"或"出口"带有三角箭头,表示文字块有其他连接文字块。

③ 续排标记。文字块边框上的红色十字标记称为续排标记,表示文字块太小排不下文字内容。

④ 连接线。文字块有连接关系时,选中文字块即可显示连接线。

⑤ 字数显示。空文字块将显示文字块可排字数。当文字块有续排内容时,将显示剩余文字数。如果需要取消字数显示,可以选择【文件】/【工作环境设置】/【偏好设

置】/【文本】,取消"显示文字块可排字数"和"显示剩余文字数"即可。

(3)文字块续排

当文字块出现续排标记时,可以拉大文字块以容纳所有文字,或者新创建续排块接着排文字。

① 普通续排。文字块边框上的红色十字标记称为续排标记,表示文字块太小排不下文字内容。此时鼠标单击续排标记,光标变为排版光标▤,点击到版面上,或拖画出一个文字块,即可生成连接关系的文字块。

② 续排自动灌文。当文字块内容较多需要排在多页上时,可以采用续排自动灌文的方式让续排块自动生成在新的页面上,直至将文字排完为止。此时点击续排标记,光标变为排版光标,按住"～"键或者"Ctrl+～"键,点击到版面上,或拖画出一个文字块,则可以使续排文字自动灌文。当一页排不下时,将自动加页,直至将文字排完为止。

注意:按住"～"键,自动灌文生成的续排文字块与版心等高,与原始块等宽,可应用于中英文对照排版;按住"Ctrl+～"键,自动灌文生成的续排文字块与版心重合。

11. 删除文字块

(1)如果在【文件】/【工作环境设置】/【文件设置】/【常规】选项卡没有选中"删除时保留文字内容",则选中文字块,按 Delete 键即可删除该文字块;如果文字块有连接,则删除文字块及文字块内的内容。

(2)如果在【文件】/【工作环境设置】/【文件设置】/【常规】选项卡选中"删除时保留文字内容",则选中文字块,按 Delete 键即可删除该文字块。如果文字块有连接,则仅删除文字块,不删除块内的文字,块内文字自动转到相连的文字块。如需同时删除块内文字,按 Shift+Delete 键即可,用户也可以选择【编辑】/【删除文字块保留内容】来执行此操作。

二、文字处理

文字处理是排版软件的核心功能之一。本节重点介绍特殊符号的输入、文字的编辑以及文字属性的设置。

(一)特殊符号的输入

飞腾创艺的文字输入在第一节已经详细介绍,本节重点介绍一下特殊符号的输入。

方法1:使用方正动态键盘。安装了飞腾创艺之后,可以从输入法菜单中选择"方正动态键盘5.0",打开方正动态键盘,输入特殊符号。

方法2:使用"特殊符号"调板。使用"特殊符号"浮动窗口可以输入乐谱音符、棋牌符号、分数码、其他符号、748汉字、阿拉伯数码、中文数码和附加字符。

具体操作步骤如下所示。

执行【窗口】/【文字与段落】/【特殊符号】,或者执行【文字】/【插入符号】/【特殊符号】操作,弹出"特殊符号"浮动窗口,如图3.1.32所示。在"选择类型"下拉菜单里选择"常用符号"、"乐谱音符"、"棋牌符号"、"其他符号"或"748汉字"等,窗口列出对应类型的符号。

【小贴示】
　　在【文字】/【插入符号】的子菜单中提供不间断空格、不间断连字符和特殊符号 3 个选项。

　　一般来说,将文字光标插入到文字中,然后在"特殊符号"窗口里点符号图标即可。分数码、阿拉伯数码、中文数码和附加字符的插入方法比较特殊,下面以分数码为例,介绍插入的方法。

　　在"选择类型"里选择"分数码"。将文字光标定位到需要插入符号的位置,选择"分数类型"为"斜分数",在"数值"编辑框内输入"3/5",点击"插入"按钮 ↓,或按Enter 键,即可在版面上插入分数码。如图 3.1.33 所示:

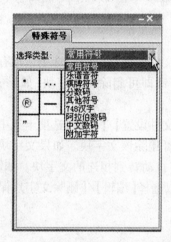

图 3.1.32　　　　　　　　　　图 3.1.33

　　方法 3:使用特殊符号输入法。可以快速地输入方正动态键盘和特殊符号窗口中的特殊符号。

　　具体操作步骤:单击控制窗口中工具按钮或使用快捷键"Ctrl+Alt+-",选择是否在文字流中按下空格来启动特殊符号输入法,如图 3.1.34 所示。

图 3.1.34

　　按下这个按钮时,在文字流中按下空格会启动特殊符号输入条,输入特殊符号的助记符。例如需要输入"罗马数字",可以输入助记符(罗马数字的简拼)"lmsz",此时会列出所有相关的特殊符号,单击或者输入对应的数字,就可以输入特殊符号。

(二)文字的编辑

1. 选中文字

飞腾创艺中选中文字的方式同 Word 操作一样,可以将文字光标插入文字后,按住鼠标左键不放,拖动鼠标选中文字。也可以使用快捷键选中文字,常用的选中操作如下。

① 选中一行文字:将光标移到要选中的行上双击。

② 选中一个文字块中的所有文字:把光标移到要选中的段中,按下 Ctrl 键后,再双击。

③ 选中一篇文章的全部文字:按快捷键 Ctrl+A。

④ T 工具在文字流中,以各种方式切换页后,按住 Shift 在同一文字流再按下一个 T 光标,能够选中两个 T 光标之间的文字流。

2. 复制、剪切和粘贴文字

选中一段文字。按快捷键 Ctrl+C(复制)或 Ctrl+X(剪切),在需要粘贴文字的位置,按快捷键 Ctrl+V 粘贴。也可以单击菜单"编辑",或单击鼠标右键弹出右键菜单,选择"复制"、"剪切"、"粘贴"命令。如果粘贴时选择【编辑】/【粘贴纯文本(Ctrl+Alt+V)】,或单击鼠标右键,在右键菜单里选择"粘贴纯文本",那么粘贴后的文字属性与光标插入点的前一个文字属性相同。

注意:如果粘贴的文本中有盒子、叠题等,则该类文字的属性保持不变,段首大字保留大字属性。

【小贴示】

　　录入文字时,文字属性默认与前一个字的属性相同。按住[Ctrl]+[Alt]+[→]键,则输入的文字属性与后一个字的属性相同。在文章末尾输入文字时,按住[Ctrl]+[Alt]+[→]键,输入的文字属性与缺省字属性一致。

3. 大小写转换

在飞腾创艺里可实现英文字符的大小写转换。选中文字或文字块,单击菜单【文字】/【大小写转换】,在二级菜单中选择大小写转换方式:全部大写、全部小写、词首大写、句首大写。

① 全部大写:将选定范围内英文字符全部转换为大写字符。

② 全部小写:将选定范围内英文字符全部转换为小写字符。

③ 词首大写:将选定范围内每一个单词的第一个字符大写,其他字符小写。

④ 句首大写:将选定范围内每一个句子的第一个字符大写,其他字符小写。

4. 简繁体转换

飞腾创艺提供简体中文和繁体中文的相互转换,选中简体文字,选择【文字】/【简繁体转换】/【简体转繁体】,即可将简体中文转为繁体中文。

5. 查找/替换

在排入文字时,如果需要对文字进行修改、替换,可以单击【编辑】/【查找/替换】,打开对话框(快捷键 Ctrl+Shift+F),如图 3.1.35 所示。这不但可以查找中文字、英文字、特殊符号等字符,而且提供高级查找,可查找具有指定文字属性的字符,按颜色查找还可以查找文字样式、段落样式等特殊格式。实现一次性替换需要的样式或文字属性,避免了重复性工作。而且支持正则表达式,可以对符合某些规则的字符串进行查找/替换,如图3.1.36所示。

正则表达式的用途如下所示:

① 验证字符串是否符合指定特征,比如验证是否是合法的邮件地址。

② 用来查找字符串,从一个长的文本中查找符合指定特征的字符串比查找固定字符串更加灵活方便。

③ 用来替换,比普通替换更强大,实现了文字样式、段落样式以及剪贴板内容的替换。

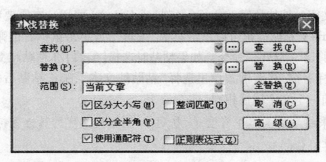

图 3.1.35

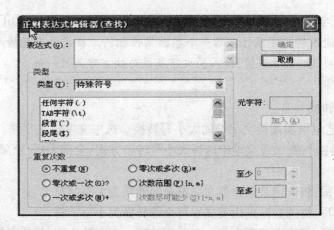

图 3.1.36

注意:

● "查找/替换"只允许查找不超过20个字的内容(包括换行符、换段符等特殊符号在内)。

● 飞腾创艺"查找/替换"的范围广泛,可以在一个打开的文档范围内查找,也可以在多个打开的文档中进行查找/替换工作。

● 可以按通配符查找。符号"?"表示可以用任意一个字符代替;符号"＊"表示该地方可以被多个字的内容代替。要当作通配符使用必须选中"使用通配符"选项，否则将"？"和"＊"只当作字符进行查找。

● 盒子、叠题的内容不参与查找/替换。

(三)设置文字属性

1. 文字属性的设置途径

(1)通过"文字属性"浮动窗口

单击【窗口】/【文字与段落】/【文字属性(Ctrl+Alt+F)】,弹出"文字属性"浮动窗口,如图3.1.37所示。单击浮动窗口标题栏上的扩展图示，可以收缩或打开浮动窗口的不同部分。单击标题栏上的三角按钮,可弹出"文字属性"浮动窗口的菜单。

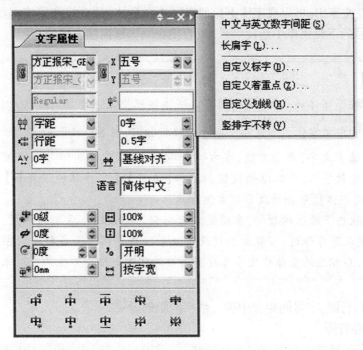

图 3.1.37

(2)通过"文字属性"控制窗口

通过单击菜单【窗口】/【控制窗口】命令打开控制窗口,使用文字工具选择文本,控制窗口中会出现对应文字属性的控制窗口,如图3.1.38所示。

图 3.1.38

(3)通过"文字"菜单

单击"文字"菜单,可以在下拉菜单中设置文字的属性。或者单击鼠标右键,也可以调出"文字属性"浮动窗口。

以上的三种途径,用户可以根据自己的喜好来调用。

注意:

● 如果使用选取工具选中文字块,设置文字属性,此时的设置对整篇文章有效。

● 若要改变盒子里的文字属性,则需使用穿透工具选中盒子或用文字工具选中盒子里的文字。

● 通过【文件】/【版面设置】,在"缺省字属性"选项窗口可以设置缺省字的属性。

2. 文字属性的具体设置

(1)字体和字号的设置

前面介绍过三种设置文字属性的途径,可以选择自己习惯的途径来进行设置。此时将光标放在文字中,可以在字体下拉列表里选择字体(或直接在字体编辑框内输入字体),在字号的下拉菜单中选择字号(或直接在编辑框内输入字号)。

【小贴示】

如果按下字体连动按钮 ⊞,则英文字体按照中文字体自动搭配,但是英文字体不影响中文字体。如果按下字号连接按钮 ⊞,则 XY 字号连动。

可以选中文字,单击右键,在右键菜单里选择"常用字体",二级菜单列出了常用的 6 款字体,并配以快捷键。选择【文件】/【工作环境设置】/【偏好设置】/【常用字体】,可以修改 6 款常用字体。

全角状态下输入的数字,在设置方正彩云、方正粗圆、方正超粗黑、方正综艺、方正琥珀等字体时,可能看不到设置效果。这是因为全角数字的字型属于中文字库,当相应的繁体中文字库没有对应的字型时即会产生此种现象。

---

(2)字距、行距、字母间距和中英文数字间距的设置

① 字距和行距

使用文字工具选中文字,在"文字属性"浮动窗口中"字距"和"行距"的下拉菜单中可以选择所需的类型。在其后面的编辑框内输入间距值,按 Enter 值或鼠标点击其他位置即可完成设置。

● 字距:第一个字的右边框距离第二个字的左边框之间的距离。

● 字间(左/上):以字的左侧为基准,第一个字的左侧距离第二个字的左侧之间的距离。竖排时则以字的上边界为准。

● 字间(中):以字的中心为基准,第一个字的中心距离第二个字的中心之间的距离。

● 字间(右/下):以字的右侧为基准,第一个字的右侧距离第二个字的右侧之间的距离。竖排时则以字的下边界为准。

● 行距:第一行的下边框距离第二行的上边框之间的距离。

● 行间(顶):第一行的顶侧距离第二行的顶侧之间的距离。

● 行间(中):第一行的中心距离第二行的中心之间的距离。

● 行间(底):第一行的底侧距离第二行的底侧之间的距离。

● 行间(基线):第一行的基线位置距离第二行的基线位置之间的距离。

【小贴示】

● 可以通过菜单【文字】/【字距与字间(Ctrl+M)】设置字距,通过【文字】/【行距与行间(Ctrl+J)】设置行距。

● 扩大字距快捷键是 Ctrl+"+",缩小字距快捷键是 Ctrl+"−"。扩大行距快捷键是 Alt+"+",缩小行距快捷键是 Alt+"−"。

② 字母间距

飞腾创艺中,字母间距是指设置两个字母(包括拉丁字母和数字)之间的距离。选中文字,在"文字属性"浮动窗口的字母间距 编辑框里,设置字母之间的间距值即可。还可以通过菜单【文字】/【字母间距】实现该操作。扩大字母间距快捷键是 Ctrl+Alt+". ",缩小字母间距快捷键是 Ctrl+Alt+" ,"。

③ 中文与英文数字间距

选中文字,在"文字"菜单或"文字属性"浮动窗口的扩展菜单里选择"中文与英文数字间距(Ctrl+Alt+H)"。该功能用于改善中文与英文、中文与数字间距。

(3)文字加粗、倾斜、旋转和纵向偏移的设置

选中文字,在"文字属性"浮动窗口里,可以设置加粗、倾斜、旋转、纵向偏移效果。

【小贴示】

● 同时对文字设置了加粗效果和颜色渐变效果,则只保留颜色渐变效果。

● "旋转"的取值范围没有值域限制,由系统自动换算角度。

● 在光标下,双击调整后的文字块内部,文字会出现光标所在行选黑的效果。

(4)划线、标字和着重点设置

单击"文字属性"浮动窗口标题栏上的扩展图示 ,展开最下层面板,可设置上标、下标、着重点、各种划线,如图3.1.39所示。选中文字,单击图示即可设置相应效果。

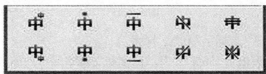

图 3.1.39

单击"文字属性"浮动窗口标题栏上的三角按钮,可弹出"文字属性"浮动窗口的菜单。可自定义上下标、着重点、划线的颜色、符号、位置、与文字的比例等。

① 自定义划线

选择"文字属性"浮动窗口菜单中的"自定义划线"后,将弹出"自定义划线"对话框,或者执行【文字】/【自定义划线】命令来操作。此时在"划线类型"下拉列表中选择所需的划线类型,并进行相关设置,如图3.1.40所示。

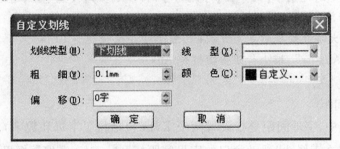

图3.1.40

● 划线类型:上划线、下划线、删除线、正斜线、反斜线、交叉线。
● 线型:单线、双线、文武线、点线、短划线、点划线、双点划线等。
● 粗细:设置划线的粗细。
● 颜色:划线颜色的下拉列表中列出了"有名颜色"及其"自定义单色"与"自定义渐变色"。如果选择了"自定义"颜色,将弹出"自定义颜色"的对话框供用户设置。
● 偏移:设置划线相对文字位置的偏移值。

② 自定义标字

选择"文字属性"浮动窗口菜单中的"自定义标字"后,将弹出"自定义标字"对话框,或者执行【文字】/【上/下标字】/【自定义】命令来操作。此时在"标字类型"下拉列表中选择所需的标字类型,在"缩放比例"中输入比例大小,如图3.1.41所示。

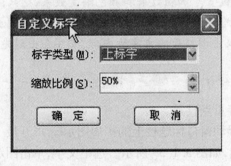

图3.1.41

● 数字类型:包括"上标字"和"下标字"。
● 缩放比例:预设值为"50%",表示标字和文章字字号的缩放比例。

注意:对选中的文字块中的盒子设置标字时,仅做位置偏移,不改变盒子大小。

③ 自定义着重点

选择"文字属性"浮动窗口菜单中的"自定义着重点"后,将弹出"自定义着重点"对话框,或者执行【文字】/【着重点】/【自定义】命令来操作。此时在"着重点类型"下拉列表中选择所需的着重点类型,并进行所需设置,如图 3.1.42 所示。

图 3.1.42

● 着重点类型:选择自定义着重点的类型。包括"上着重点"、"下着重点"等。

● 符号:在"着重点设置"对话框中的"着重点符号"中直接编辑着重点符号,只允许输入一个字符作为着重点符号,多输入的字符无效。

● 颜色:在"着重点设置"对话框中存在"颜色同正文"核取对话框,若选中了该选项,那么文字着重点的颜色将依赖于正文的颜色,设置的着重颜色失效;若不选中该选项,那么可设置着重点的颜色,该颜色不受正文颜色影响。可通过颜色面板进行颜色设置。

● 偏移:编辑框中输入需要偏移的值,可支持正值和负值,不管是上着重点还是下着重点,正值都表示远离正文的偏移,负值都表示靠近正文。

● 缩放比例:在"着重点设置"对话框的"缩放比例"编辑框中输入缩放的比例,设置缩放比例后,着重点的大小将根据所对应的正文的大小进行缩放。

(5)文字对齐的设置

使用选取工具选中文字块,或者拖黑需要设置对齐的文字,在"文字属性"浮动窗口里,单击"文字对齐"下拉列表,选择对齐类型,包括上对齐、中对齐、下对齐和基线对齐。

(6)字心宽微调和字心高微调设置

选中文字,在"文字属性"浮动窗口里,通过设置字心宽微调、字心高微调的百分比,可以对文字做字宽或字心微调。字心宽与字心高微调的取值范围是50% ~ 150%。

(7)语言设置

语言下拉列表中默认提供了简体中文、英文、法语、俄语、希腊语、德语和西班牙语。当安装了少数民族文语言包,自动增加新语言。

● T 工具选中字符时,能自动显示字符的语言属性。

● 选中字符,同一语系的字符可以修改为其他语言,实现不同语言的混排效果。

（8）标点类型和空格类型

① 标点类型

飞腾创艺提供中文标点的五种类型：开明、全身、对开、居中、居中对开。表示句子结束的标点为：句号、感叹号、问号。表示句子停顿的标点为：逗号、分号、顿号、引号、括弧、书名号。

● 居中：不论何时，所有标点符号均为一个汉字字宽，并且标点的位置在字的中心。

● 居中对开：不论何时，所有标点符号均为半个汉字字宽，并且标点的位置在字的中心。

注意：全身、开明和对开为简体中文用法，繁体版本仅提供居中和居中对开。

② 空格类型

空格类型就是将空白字符按照指定的字宽设定进行空格宽度处理。系统默认为按字宽。

● 按字宽——实际字体中空格的宽度。

● 全身空——设置空格宽度与汉字宽度相同。

● 二分空——设置空格宽度为汉字宽度的1/2。

● 三分空——设置空格宽度为汉字宽度的1/3。

● 四分空——设置空格宽度为汉字宽度的1/4。

● 五分空——设置空格宽度为汉字宽度的1/5。

● 六分空——设置空格宽度为汉字宽度的1/6。

● 七分空——设置空格宽度为汉字宽度的1/7。

● 八分空——设置空格宽度为汉字宽度的1/8。

● 细空格——设置空格宽度为英文字母 m 宽度的1/24。

● 数字空格——设置空格宽度为当前数字 0 的宽度。

● 标点空格——设置空格宽度为当前字体逗号的宽度。

（9）统一文字属性与恢复属性设置

① 统一文字属性

统一文字属性是指将选中区域内的文字统一为选中区域内的第一个字的属性。选中文字，选择【编辑】、【统一文字属性（Ctrl+Backspace）】，或者单击文字控制窗口的"统一属性"按钮 ，选中文字的属性将与选中区域内的第一个文字相同。

② 恢复文字属性

恢复文字属性是指取消单独对文字所设置的属性，如字体号、长扁字、艺术字、装饰字等，统一将选中文字恢复为缺省文字属性。选中文字，选择【编辑】/【恢复文字属性】命令（Alt+Backspace），或者单击文字控制窗口的"恢复文字属性" 按钮，则选中的文字将恢复为文字块的缺省文字属性。

（10）格式刷

格式刷用于复制文字属性和段落属性。

具体操作步骤如下所示：

① 在工具箱中选"格式刷"工具 ，单击或按住鼠标左键拖选需要复制属性的文字。

② 将格式刷选中需要作用属性的文字，松开鼠标左键，则将复制的属性粘贴到目标文字。选中下一个需要作用属性的文字，则可将属性连续粘贴到其他文字。

③ 在使用过程中，按 Esc 键，则回复到清空状态，可以再次复制属性。

格式刷复制属性时将复制文字属性和段落属性，粘贴属性时根据选中的文字不同，粘贴的属性不同。

作用 1：粘贴属性时，选中部分文字，则应用文字属性。

作用 2：粘贴属性时，选中整段文字，则同时应用文字属性和段落属性。如果选中多段文字，则只有当整个段落被选中时，才能同时应用文字属性和段落属性，否则仅应用文字属性。

作用 3：粘贴属性时，单击鼠标左键，将光标插入段落，则仅应用段落属性。

使用快捷键复制属性：飞腾创艺提供吸属性快捷键 Ctrl+Shift+C 和注属性快捷键 Ctrl+Shift+V。

● 吸属性：选中文字，按快捷键 Ctrl+Shift+C，复制文字属性和段落属性。如果光标插入文字，按快捷键时，将复制光标前一个字的文字属性和光标所在段的段落属性。

● 注属性：选中需要复制属性的文字，按快捷键 Ctrl+Shift+V 即可将属性粘贴到指定文字。

作用 1：选中文字，按快捷键 Ctrl+Shift+V，则应用文字属性。

作用 2：选中整段，按快捷键 Ctrl+Shift+V，则应用文字属性和段落属性。

作用 3：将 T 光标插入文字，按快捷键 Ctrl+Shift+V，则仅应用段落属性。

注意：如果选中的文字里有多种属性，则复制第一个文字的文字属性和所在段落的段属性。

（四）设置文字颜色

1. 单色设置

具体操作步骤如下所示。

① 选择文字工具，选择需要改变颜色的文字，单击【窗口】/【颜色】（F6），弹出"颜色"浮动窗口。确定文字 和单色 为选中状态，如图 3.1.43 所示。

② 设置所需的颜色值。或者在下面的颜色条上选择自己所需的颜色，或者展开颜色浮动窗口，选择所需的颜色，如图 3.1.44 所示：

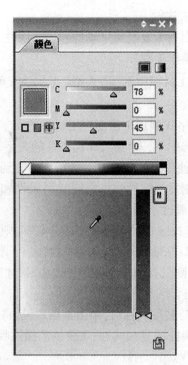

图 3. 1. 43   图 3. 1. 44

③ 按 Enter 键完成颜色设置。

【小贴示】

设置字体颜色还可以通过单击【美工】/【颜色】/【自定义】来弹出"颜色"对话框。或者直接选择颜色,例如白色、青色、品色、黄色和黑色等。

"颜色"面板里的颜色只对当前选中的对象有效,如果想要经常使用某种颜色设置,可以将该颜色定义为色样,以后使用时直接在"色样"面板中调用,不必重复设置。在"颜色"面板中设置好颜色值,单击存为色样按钮,或者在"颜色"浮动窗口扩展菜单里选择"存为色样",弹出"存为色样"对话框,如图3. 1. 45 所示。为色样命名好,单击"确定"即可将当前颜色值保存为色样。

图 3. 1. 45

2. 渐变色设置

具体操作步骤如下：

① 选中文字，单击【窗口】/【颜色】（F6），弹出"颜色"浮动窗口，选中渐变色按钮，使"颜色"浮动窗口切换到"渐变色"对话框，如图 3.1.46 所示。

② 选择着色的对象为文字。

③ 选择渐变类型。在"颜色渐变类型"下拉列表里选择渐变类型，包括：线性渐变、双线性渐变、方形渐变、菱形渐变、圆形渐变、锥形渐变、双锥形渐变。

④ 设置好分量点颜色即可。

图 3.1.46

三、右键属性

飞腾创艺对文字的处理可以通过各种途径进行设置，本节重点介绍右键的相关设置。直接选用右键对文字进行处理，会更加方便快捷。

（一）右键菜单

用文字工具选中文字以后，单击鼠标右键会弹出一个菜单，如图 3.1.47 所示。

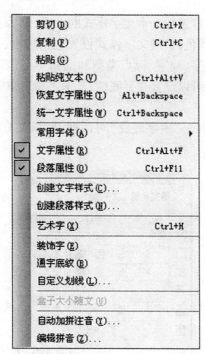

图 3.1.47

菜单中会出现对文字处理的各种功能,可以快速编辑文字。

(二)右键属性

关于右键的功能,前面章节介绍过的内容就不再赘述。本节重点介绍一下没有提到的内容。

1. 创建文字样式

单击"创建文字样式",会弹出"文字样式编辑"对话框,如图3.1.48所示:

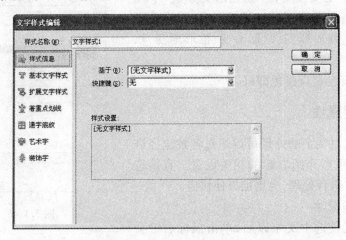

图 3.1.48

可以对所选的文字内容进行基本文字样式的设置,包括字体、字号、字距、行距、字母间距、文字对齐和文字颜色;扩展文字样式设置包括加粗、倾斜、旋转、纵向偏移、字心宽微调、字心高微调、长字、扁字、标点类型和空格类型;着重点划线设置包括着重点、划线和标字的设置;还可以设置通字底纹、艺术字和装饰字。

2. 通字底纹

单击"通字底纹",会弹出"通字底纹"对话框,如图3.1.49所示。此时可以根据需要设置文字的底纹。

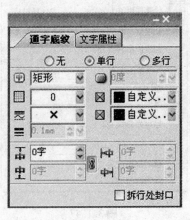

图 3.1.49

3. 编辑拼音与自动加拼注音

单击"编辑拼音",会弹出"编辑短语拼音"对话框,此时可以编辑或修改所选文字的拼音,如图 3.1.50 所示:

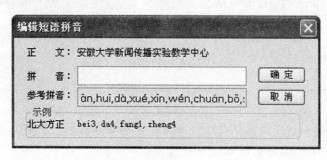

图 3.1.50

单击"自动加拼注音",会弹出"设置拼注音"对话框,如图 3.1.51 所示。此时可以根据需要设置文字的拼音或者注音以及拼注音的格式。设置的效果如图 3.1.52所示。

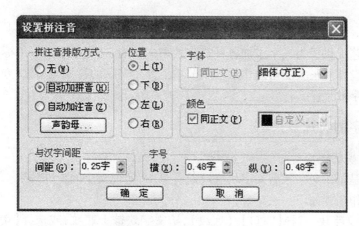

图 3.1.51

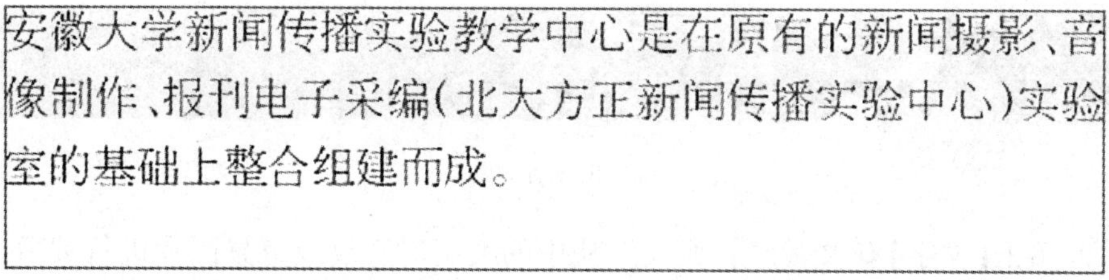

安徽大学新闻传播实验教学中心是在原有的新闻摄影、音像制作、报刊电子采编(北大方正新闻传播实验中心)实验室的基础上整合组建而成。

图 3.1.52(a)

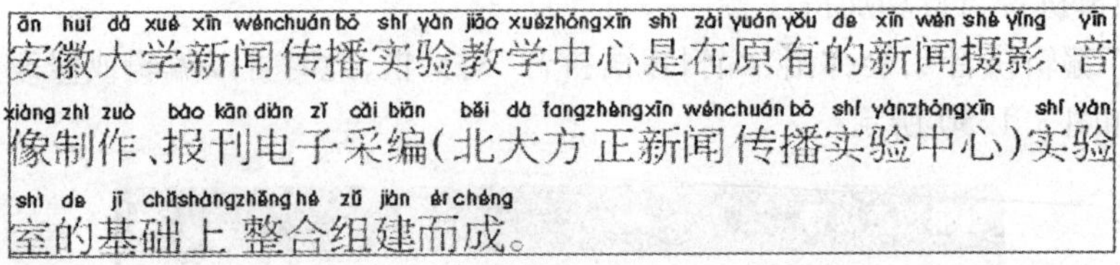

安徽大学新闻传播实验教学中心是在原有的新闻摄影、音像制作、报刊电子采编(北大方正新闻传播实验中心)实验室的基础上 整合组建而成。

图 3.1.52(b)

【小贴示】
　　段落属性和创建段落样式详细内容参见第四章内容;艺术字、装饰字详细内容参见第二节"文字的特效与美化"。

第二节　文字的特效与美化

　　飞腾创艺提供了为文字添加各种文字效果的功能,这对于增加报纸标题、宣传单、海报的创意设计有很大的帮助作用。本节重点介绍文字的特效与美化,方便用户设置所需要的文字效果。

一、文字的特殊效果

(一)文裁底效果
文裁底是指用文字裁剪文字块底纹或背景图,实现文字的特殊效果。
具体操作步骤如下:
① 选中文字块,选择【窗口】/【底纹】,给文字块铺上底纹,或选择【美工】/【背景图】,给文字块加背景图,或者单击鼠标右键,选择"底纹",如图 3.2.1 所示。

图 3.2.1

② 单击【文字】/【文裁底】,则文字块中的文字对底纹或背景图片进行裁剪,效果如图 3.2.2 所示。

图 3.2.2

③ 若要取消文裁底效果,则可以选中已经设置"文裁底"的文字块,取消【文字】/【文裁底】选项即可。

注意:文裁底前,不宜执行"框适应文"的操作;否则,执行文裁底后,部分英文字母或符号不能被裁到。用户在可以执行文裁底后,再执行"框适应文"的操作。

（二）文字块裁剪路径

文字块可以作为裁剪路径,用其中的文字来裁剪其他块,以实现某些特殊效果。飞腾创艺中文字块和图元块都能设置裁剪路径。图元裁剪路径,参见第五章内容。

具体操作步骤如下:

① 将文字块移动到与图像重叠,如图3.2.3所示:

图3.2.3

② 选中文字块,选择【美工】/【裁剪路径】,设置文字块的裁剪属性。

同时选中文字块与图像,在右键菜单里选择"成组（F4）",图像被文字块裁剪,如图3.2.4所示。使用穿透工具,点击文字,可以选中被裁剪的图像,移动图像的位置,从而调整裁剪区域。

图3.2.4

（三）将文字转为曲线

通过文字转曲将文字转为图元,可以设置各种图形效果。文字转为曲线后可以像图形一样填色,或者制作透视等效果,也可以使用穿透工具编辑节点制作异型字。

具体操作步骤如下:

① 用选取工具选中目标文字块,单击【美工】/【转为曲线】（Ctrl+Alt+C）,将文字转为曲线图元。如图3.2.5所示:

图3.2.5

② 制作透视文字。单击扭曲透视工具,点击曲线文字块,拖动节点,使文字块形成透视状,如图3.2.6所示。也可以通过【窗口】/【底纹】设置底纹颜色,通过【窗口】、【立体阴影】设置立体阴影效果,如图3.2.7所示:

图 3.2.6   图 3.2.7

③ 制作异型字。单击穿透工具,点击转曲后的文字"色",会出现曲线控制点,拖动节点调整文字形状,效果如图3.2.8所示:

注意:转曲后文字即变为图形,因此可以像普通图形一样,使用穿透工具进行操作。双击节点可以清除节点,双击曲线可以增加节点。

图 3.2.8

【小贴示】
　① 文字转曲后,每一个笔段转化为一个贝塞尔曲线,每一个字是一个由笔段组成的图元块,可以对这些转化后的图元块进行图元块编辑、解组等操作。
　② 设置特殊效果的文字,转曲前后,基本与原效果保持一致,部分不一致的地方说明如下:
　a. 设置勾边效果的文字:如果设置了较粗的边框粗细效果,则转曲后边框颜色可能会盖住文字颜色,仅看到勾边颜色,此时用户可以使用【美工】/【裁剪勾边】/【图元勾边】功能来修改边框粗细,以显示出文字颜色。
　b. 设置立体效果的文字:转曲后,效果不太一致,可以利用"立体阴影"功能来修改。如果文字设置立体效果时,设置了立体的边框线宽,转曲后保留立体效果,边框效果丢失。设置先立体后勾边效果的文字,转曲后勾边效果丢失。
　c. 设置重影的文字:转曲后重影效果丢失。
　③ 文字设置了划线、斜线、交叉线属性,转曲后不再保留这些效果。
　④ 文字设置了装饰字、通字底纹、文裁底、段落装饰效果,转曲后保留文字属性,相应的装饰图案、底纹效果、文裁底效果,以及段落装饰中的底纹、边框、划线等效果丢失。
　⑤ 带有盒子的文字块,只对文字块中的普通文字进行转曲,盒子的文字保持不变。

二、文字的美化

(一)复合字

1. 复合字的设置

复合字的功能是将几个文字合成一个字,或者将文字与符号合成一个字,占一个字宽,一个字高。复合后的文字和普通文字一样可以进行文字属性的操作。

具体操作步骤如下所示。

① 使用文字工具选中要复合的文字(小于 6 个字),如图 3.2.9 所示:

② 单击【格式】/【复合字】,弹出"复合字"对话框,如图 3.2.10 所示:

图 3.2.9

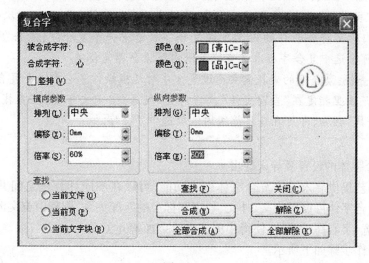

图 3.2.10

③ 所有选中文字中左边第 1 个文字为被合成字符,其他字为合成字符,在"颜色"下拉列表里设置被合成字符与合成字符的颜色。

④ 调整合成字符的"横向参数"和"纵向参数"。

横向参数:

● 偏移——合成字符相对被合成字符在 X 方向的偏移距离。

● 排列——合成字符缩放时的基准点,选择"中央"、"左"或者"右",分别表示以合成字符中心、左边或者右边为固定基准点缩放合成字符。

● 倍率——合成字符 X 方向的缩小比例。

纵向参数:

● 偏移——合成字符相对被合成字符在 Y 方向的偏移距离。

● 排列——合成字符缩放时的基准点,选择"中央"、"上"或者"下",分别表示以合成字符中心、上边或者下边为固定基准点缩放合成字符。

● 倍率——合成字符 Y 方向的缩小比例。

⑤ 单击"合成"按钮即可形成复合字,如图 3.2.11 所示。选中复合字,点击"解除"即可解除复合字。

注意:
● 对话框中的"横向参数"和"纵向参数"的"倍率"百分比范围是
20%~100%。

图 3.2.11

● 复合字的查找替换和文字颜色的操作需要通过复合字对话框设置,其他文字属性的设置与普通文字一样。

【小贴示】
"复合字"对话框中的其他设置如下所示。
● 全部合成:按上述步骤完成复合字设置后,在"查找"范围里指定"当前文件"、"当前页"或者"当前文字块",然后点击"全部合成",即可一次性将查找范围内所有符合条件的内容生成复合字。选中一个复合字,点击"全部解除",即可按选中复合字标准在查找范围内解除全部复合字。
● 查找:复合字的查找需要通过复合字对话框操作。选中一个复合字,在"查找"范围里指定在"当前文件"、"当前页"或者"当前文字块"里查找。然后点击"查找"按钮,即可在查找范围内依次选中复合字。

---

2. 复合字体的设置及导入导出

飞腾创艺提供导入导出复合字体列表功能,可以在不同计算机之间共享复合字体。通过复合字体可设置中文、外文、数字和标点的匹配关系,调整中英文混排的字符基线、字心宽、字心高等参数,使得中英文混排更加整齐美观。

具体操作步骤如下所示。

① 单击【文件】/【工作环境设置】/【复合字体】,弹出"复合字体"对话框,如图 3.2.12 所示。

② 单击"新建",弹出"新建复合字体"对话框。此时可以定义复合字体名称,比如在"名称"中输入中文加英文的字体,如"报宋+ArialBlack",如图 3.2.13 所示。

③ 单击"确定",回到"复合字体"对话框,在中文字体下拉列表中选择"方正报宋",在英文字体下拉列表中选择"ArialBlack"。此时可以按需要设置中英文的"基线偏移"、"X 偏移"和"Y 偏移"等数值,设置标点、数字等参数。设置过程中可以在对话框下方的窗口里预览设置效果,如图 3.2.14 所示。

④ 单击"保存设置",可以保存复合字体的设置。

⑤ 如果要将设置好的复合字体导出,可以单击"导出",弹出"另存为"对话框。此时在"文件名"中输入设置好的复合字体的名称,选择好要保存的路径,单击"保存"即可。

⑥ 如果需要导入复合字体时,单击【文件】/【工作环境设置】/【复合字体】,弹出"复合字体"对话框,单击"导入",弹出"打开"对话框,选择目标文件,单击"打

开"即可。此时可以在"文字属性"浮动窗口的字体下拉列表中找到导入的复合字体。

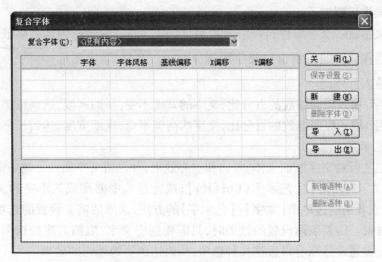

图 3. 2. 12

图 3. 2. 13

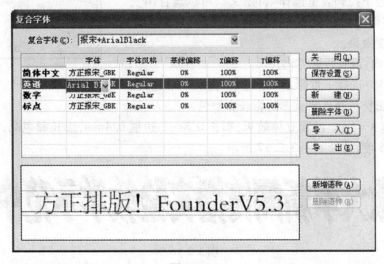

图 3. 2. 14

（二）长扁字

飞腾中提供长扁字的效果，可以拉长或压扁文字，设置出所需的艺术效果。

具体操作步骤如下：

选中文字，在"文字属性"浮动窗口"扁字"和"长字"编辑框内输入缩放百分比即可。或者是在文字的控制窗口长字图标 ⌽ ▢100% ▢、扁字图标 ⌷ ▢100% ▢ 后的编辑框中输入百分比。

● 扁字：输入横向缩放的百分比，文字的宽度不变，压缩高度，达到扁字效果。

● 长字：输入纵向缩放的百分比，文字的高度不变，压缩宽度，达到长字效果。

（三）艺术字

飞腾创艺可对文字添加立体、勾边和空心效果，并保留文字属性。选中文字，选择【窗口】/【文字与段落】/【艺术字（Ctrl+H）】；或者是选中要变成艺术字的文字，然后单击右键；或者是通过单击【文字】/【艺术字】的方法，来激活需要设置的选项，即可为文字添加效果。需要取消设置的效果时，只需要选中文字，取消对应的选项即可。对艺术字的设置通常是综合设置这几种选项，从而达到更为理想的效果。

1. 立体字

具体操作步骤：单击【文字】/【艺术字】，弹出"艺术字"浮动窗口，勾选"立体"复选框，激活选项，如图3.2.15所示。

● 影长：阴影在立体方向上的长度，在影长编辑框中输入数值即可。

● 边框线宽：可以设置边框的粗细与颜色。边框为0表示无边框。

● 影长颜色和边框颜色：设置投影或边框的颜色。在颜色下拉列表里选择"自定义"，可以设置渐变色，系统将取第一个和最后一个渐变分量点的颜色设置线性渐变效果。

● 方向：设置投影方向。

● 重影：选择了重影后"带边框"置灰不可选，此
时设置的影长与颜色为重影的影长和颜色。

图3.2.15

【案例3-1】 设置立体效果，影长0.8mm，边框0.4mm，影长颜色品，边框颜色黄，角度45度，效果如图3.2.17所示。

安徽大学新闻传播实验教学示范中心

图3.2.16

设置重影效果，影长0.8mm，颜色青，角度45度，效果如图3.2.19所示：

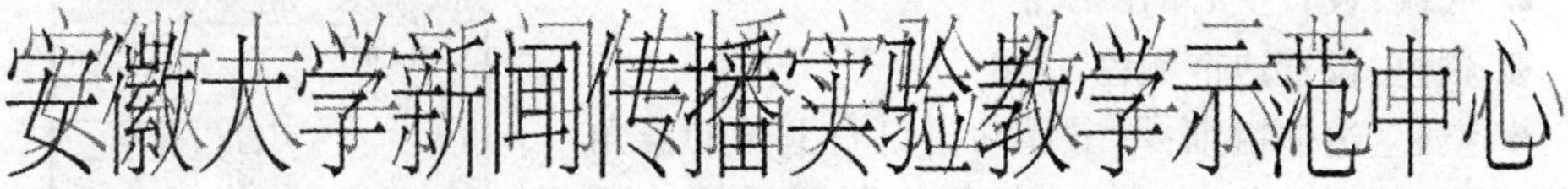

安徽大学新闻传播实验教学示范中心

图 3.1.17

2. 勾边字

具体操作步骤:单击【文字】/【艺术字】,弹出“艺术字”浮动窗口,勾选“勾边”复选框,激活选项,如图 3.2.18 所示。

● 勾边类型:选择“一重勾边”或选择“一重勾边+二重勾边”。

● 粗细:设置勾边的粗细。

● 勾边颜色:设置勾边的颜色。

● 先勾边后立体:如果同时设置了勾边和立体,则在浮动窗口最下边“先勾边后立体”置亮,用户选中“先勾边后立体”,则文字按照浮动窗口上的设置,先勾边后立体;反之,则先立体后勾边。

● 边框效果:点击浮动窗口右上角的三角按钮,在菜单里选择“边框效果”,用户可选择边框角效果。当选择“尖角”时,可在“尖角设置”里输入数值,调整尖角幅度。

艺术字
立体
0.5mm
0mm
315度
重影
自定义...
勾边
一重勾边
先勾边后立体
0.3mm
0.2mm
空心
0

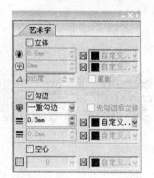

图 3.2.18

【案例 3-2】 设置勾边效果,一重勾边,边框粗细 0.1mm,颜色品,效果如图 3.2.19 所示。

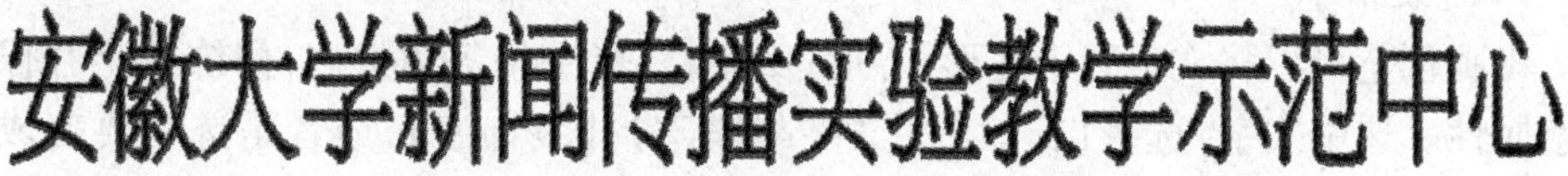

安徽大学新闻传播实验教学示范中心

图 3.2.19

设置一重勾边+二重勾边,一重勾边颜色为黄,二重勾边颜色为青,边框粗细为 0.1mm,效果如图 3.2.20 所示。

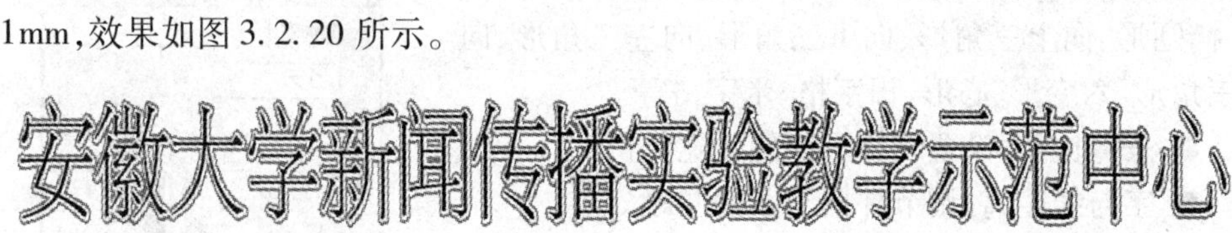

安徽大学新闻传播实验教学示范中心

图 3.2.20

3. 空心字

具体操作步骤:单击【文字】/【艺术字】,弹出“艺术字”浮动窗口,勾选“空心”复选框,激活选项,如图 3.2.21 所示。

- 底纹:设置空心的网纹。
- 颜色:设置边框颜色。
- 空心_边框粗细:单击浮动窗口右上角的三角按钮,在菜单里选择"空心_边框粗细",可设置边框粗细。
- 边框效果:点击浮动窗口右上角的三角按钮,在菜单里选择"边框效果",可设置边框角效果。当选择"尖角"时,可在"尖角效果"里输入数值,调整尖角幅度。

图 3.2.21

【案例3-3】 设置空心效果,网纹0号,空心_边框粗细0.5mm,效果如图3.2.22所示。

安徽大学新闻传播实验教学示范中心

图 3.2.22

网纹为2号,颜色为青,空心_边框粗细0.5mm,效果如图3.2.23所示。

安徽大学新闻传播实验教学示范中心

图 3.2.23

(四)装饰字

飞腾创艺可以将文字置于菱形、心形、田字格、米字格等边框内,修饰文字并保留文字属性。选中文字,选择【窗口】/【文字与段落】/【装饰字】,或者是选中要变成装饰字的文字,然后单击右键;或者单击【文字】/【装饰字】,弹出"装饰字"浮动窗口,如图3.2.24所示。需要取消装饰字时,只需在"装饰类型"里选择"无"即可。

- 装饰类型:可以设置的装饰形状包括方形、菱形、椭圆形、向上三角形、向下三角形、向左三角形、向右三角形、六变形、心形、田字格、米字格等。
- 长宽比例:设置装饰形状的长宽比例。
- 字与线距离:调节外框与字的间距。
- 线型:可以设置装饰形状的线型、粗细、颜色。
- 花边:在【线型】里选择【花边】后,可以设置装饰形状的花边类型。

图 3.2.24

- 边框粗细和边框颜色:设置线型或花边的边框粗细和边框颜色。
- 底纹和颜色:可以设置装饰形状内填充的底纹类型、颜色。

注意：

● 如果需要在版面绘制没有文字在内的田字格和米字格,则在选择装饰类型后输入全角空格即可。

● 椭圆和心形不能应用花边效果。

●"线型"与"花边"互斥,不能同时选择。

【案例 3 - 4】 设置装饰字效果,装饰类型选择心形,线型选单线,边框粗细0.2mm,设置为青色,底纹选 10 号底纹,设置为黄色,效果如图 3.2.25 所示。

图 3.2.25

本章小结

文字块和文字的处理是飞腾版面编辑中的重要组成部分。本章重点讲解了文字块的导入和调整编辑、文字属性的设置以及文字的美化和特殊效果设置。通过本章的学习,可以了解文字块的操作和设置方法,以及文字的具体处理操作。

第四章 段落处理

【预备知识】

飞腾创艺在进行报刊版面设计时，除了要进行文字的编辑之外，段落编辑也是必不可少的，例如段落的分栏、缩进、行距、边框底纹等，根据版面设计的要求可以利用飞腾创艺进行编辑和操作。本章将对飞腾创艺5.3段落处理进行详细介绍，通过这部分的学习，读者可以基本掌握段落的设置及美化。

第一节 段落的基本设置

【案例4-1】 对段落基本设计与操作的介绍将以下面这则新闻开始，如图4.1.1所示。

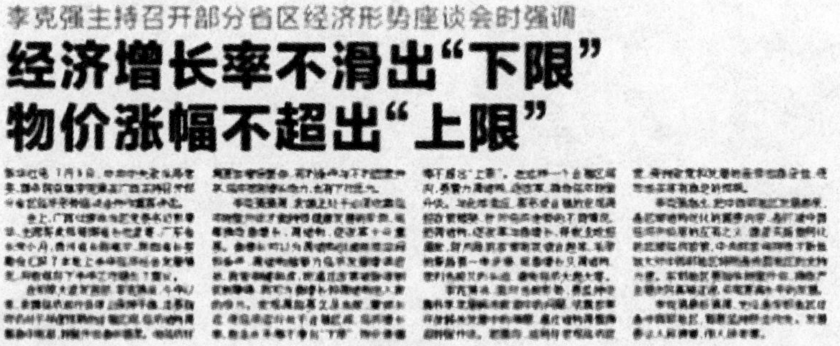

李克强主持召开部分省区经济形势座谈会时强调

经济增长率不滑出“下限”
物价涨幅不超出“上限”

图4.1.1

一、段落属性

首先将段落的文字内容导入，点击【文件】/【排入】/【小样】，如图4.1.2所示。

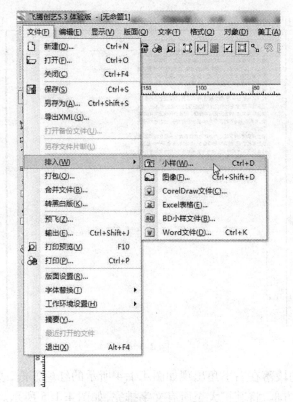

图 4.1.2

　　选择段落文字素材所在的位置并打开,将素材导入到飞腾创艺中,如图 4.1.3、
4.1.4 所示。

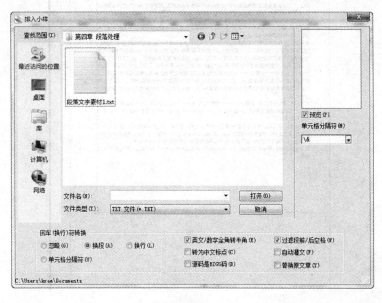

图 4.1.3

图 4.1.4

　　如果导入后的段落在右下角出现如图 4.1.4 所示的红色方框,表示有未排入的文字,这时拖动蓝色方框,将其扩大至所有文字排完,如图 4.1.5 所示。

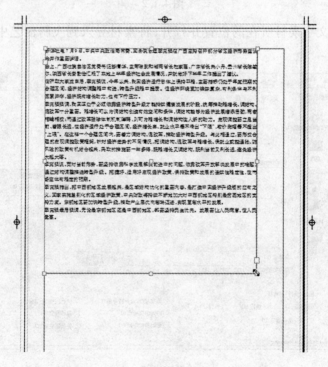

图 4.1.5

当蓝色方框中文字全部排完时，双击方框内部，使方框完全包裹段落，如图4.1.6所示。

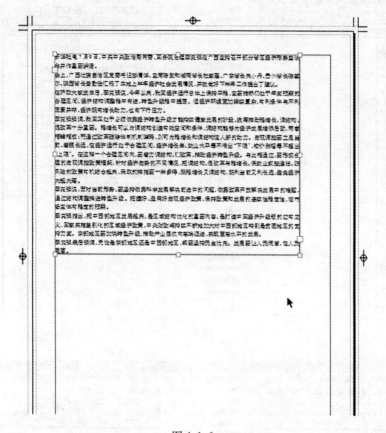

图4.1.6

　　注意：如果双击蓝色方框后，方框仍然没有完全包裹段落内容，则说明段落末尾有空格存在，手动删除段落末尾的空格，再双击蓝色方框即可。

【小贴示】
　　● 本章案例的文字素材采用的是.txt格式，因此在排入时选择的是排入小样。飞腾创艺5.3除了支持.txt格式外，还支持其他一些文本格式，在第二章已有详细介绍。
　　● 在排入文字时，除了点击【文件】/【排入】进行操作之外，还可以点击 Ⓣ Ⓦ ⒸⒹ 进行操作。

　　段落排入之后，接下来对段落的基本属性进行设置。
　　选中需要编辑的段落，点击菜单栏中的"格式"，在下拉菜单中，可以对段落格式、段落对齐方式进行设置，如图4.1.7、4.1.8所示。

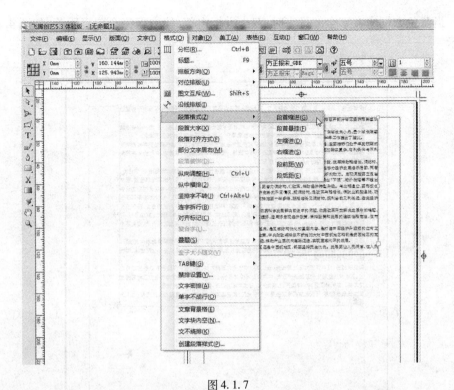

图 4.1.7

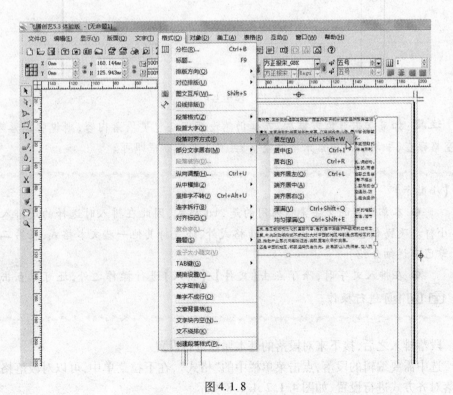

图 4.1.8

针对本章的案例,对段落进行"段首缩进"和"居左"的操作,如图4.1.9所示:

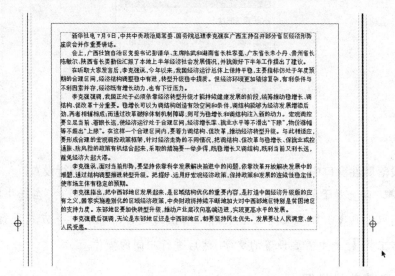

图 4.1.9

除了通过菜单栏"格式"这种方法对段落的基本属性进行设置外,还可以通过段落属性窗口对其进行设置。

选中需要进行操作的段落,点击右键,选择"段落属性",这时会出现段落属性窗口,如图4.1.10、4.1.11 所示。

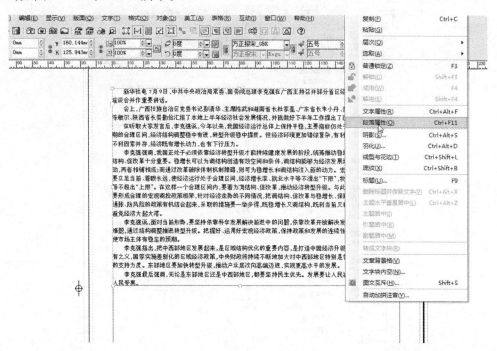

图 4.1.10

图 4.1.11

在段落属性窗口中,同样可以对段落对齐方式和段落格式进行设置。

注意:以上对于段落基本设置的操作是针对整个段落进行的,在选中的段落运用的是选取工具▶。如果要对段落中的某一段话进行格式和对齐方式进行设置,则运用文字工具**T**选中需要设置的文字,然后进行相同的操作。

二、段落分栏设置

报刊上段落的排版格式不拘泥于一种,除了直接排入段落后通栏显示之外,往往会对段落进行分栏,让段落排版多样化。

选中需要进行分栏的段落,点击【格式】/【分栏】(如图4.1.12所示),出现分栏对话框,如图4.1.13所示。

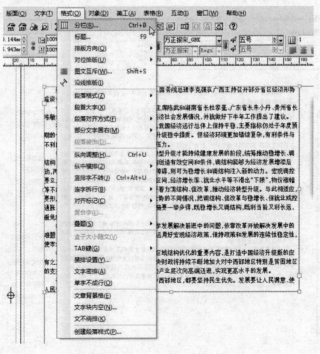

图 4.1.12

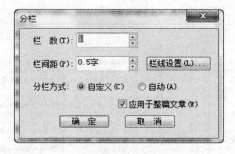

图 4.1.13

当分栏方式为自定义时,在栏数框中选择需要分几栏的数字,同时还要对栏间距进行设置;如果分栏方式为自动,选择完栏数之后,系统将自动设置栏间距分栏,因此在段落排版过程中要根据实际需要选择自动分栏还是自定义分栏。

如果勾选"应用于整篇文章",将对整篇文章进行分栏;如果不勾选,当一篇文章包含多种分栏形式时,只对当前选中的文字块进行分栏。

如果分栏的同时还要加入栏线,则点击分栏对话框中的"栏线设置",出现栏线设置对话框,如图 4.1.14 所示。

图 4.1.14

在栏线设置对话框中,可以在栏线、颜色的下拉菜单中对这两项进行设置,同时栏线的粗细也要根据需要进行设置,如图 4.1.15 所示。

飞腾创艺 5.3 拥有的栏线样式很多,因版面有限,笔者就不一一演示了,其他的读者可以根据自己需要进行选择。

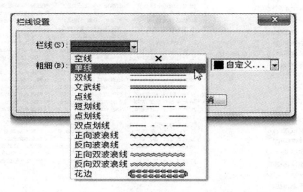

图 4.1.15

根据本章的案例,将这段文字分为四栏,不加栏线即可,如图 4.1.16 所示。

图 4.1.16

三、标题设置

本章选择的案例是一则新闻稿,因此将正文内容的格式和样式设置完成后,需要给新闻段落添加标题。

点击菜单栏中的【格式】/【标题】(如图 4.1.17 所示),出现标题对话框,如图 4.1.18 所示。

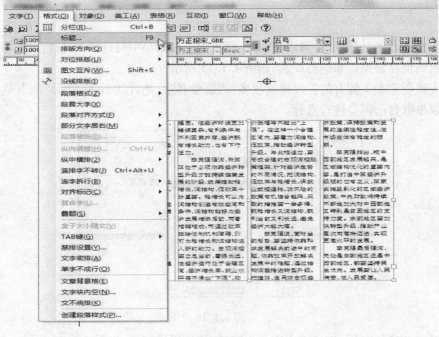

图 4.1.17

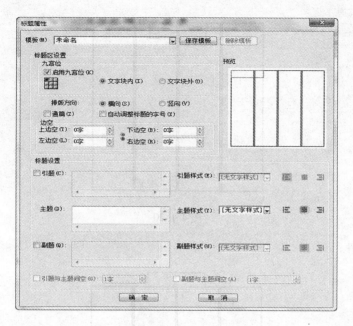

图 4.1.18

1. 标题区设置

标题区设置对话框如图 4.1.19 所示。

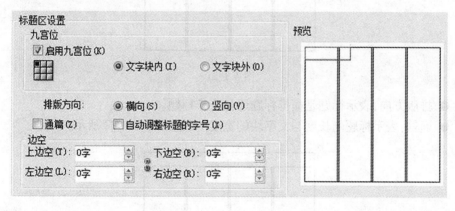

图 4.1.19

● 九宫位:表示将段落所在的文字块分成九宫格的形式,通过点击下方 图标中的九个小方格来确定标题的位置。右上角的小方格表示标题位于文字块的右上角,上排中间的小方格表示标题位于文字块上方居中的位置,以此类推。

● 文字块内、文字块外:表示标题九宫位是位于段落文字块内部还是外部,如图 4.1.20、4.1.21 所示。

文字块内:

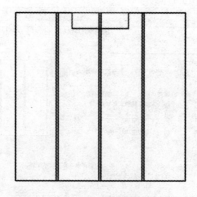

图 4.1.20

文字块外：

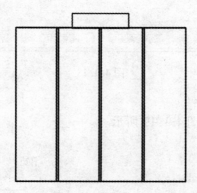

图 4.1.21

● 排版方向:表示标题是横排标题还是竖排标题。

● 通篇:表示标题的长度与文字块的宽度一致,如图 4.1.22 所示:

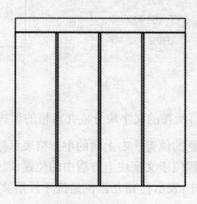

图 4.1.22

● 自动调整标题的字号:表示标题设置完成后,飞腾会根据段落文字块的大小自动调整标题字号,使标题大小与段落相符合。

● 边空:表示标题的文字内容与标题框之间的距离,可根据实际情况进行设置。

2. 标题设置

标题主要有主题、引题、副题三个部分组成,但是有些新闻或者其他类型的文字段落的标题不一定完全包括这三个部分,因此根据实际情况勾选引题和副题两个部分,如图 4.1.23 所示。

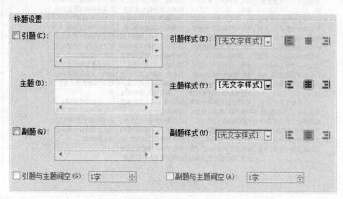

图 4.1.23

勾选之后可以在后面的方框中输入标题的文字内容,同时设置标题的样式、对齐方式即可。如果一个标题包括三个部分中的至少两个,可以对引题与主题间空或者副题与主题间空进行设置。

本章案例中的新闻包括引题和主题两个部分,接下来就对标题进行设置,根据实际情况,对标题进行如图 4.1.24 所示的设置:

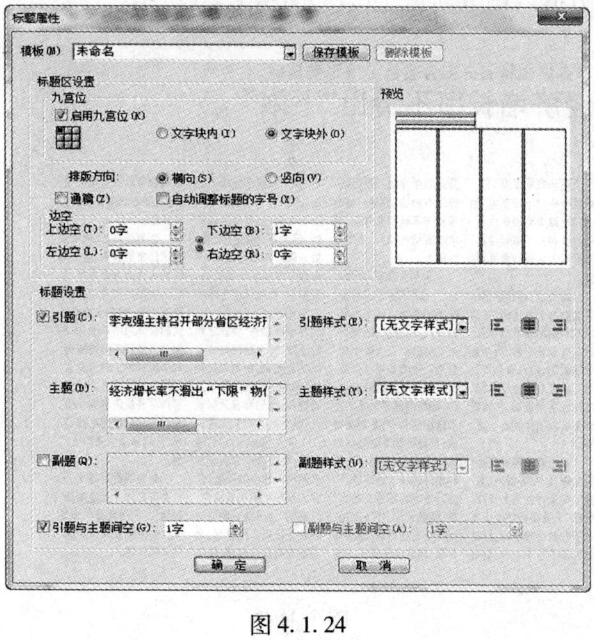

图 4.1.24

设置好之后点击确定，标题就出现在段落的上方（如图4.1.25所示），接下来可以根据需要对标题的字体、大小等进行设置。

图 4.1.25

标题添加后，如果没有选择自动调整标题的字号，那么就需要点击文字工具选中标题中需要调整的文字，设置字号和字体。需要注意的是，在设置时标题的样式可能会出现混乱，此时需要手动进行调整。

在标题的最外面有一个红色的方框，就是之前在设置九宫位时提示标题位置的红色方框，它代表的是标题所占的范围，因此如果标题字号扩大而不调节红色方框的大小，则会出现标题无法全部显示的现象。这时可以点击红色方框，将其拖动扩大到与段落同宽，然后在方框内调节标题样式，如图4.1.26所示。

图 4.1.26

在调节标题内容时,会发现引题和主题都各自有一个蓝色的文本框,拖动文本框来调节引题和主题的大小即可。在调节时,引题和主题不能超出标题的红色文本框,否则无法调节和显示,如图4.1.27所示。

图 4.1.27

四、段落排版方向

在报刊杂志设计编排中会发现,传统的段落排版方向主要有横排和竖排两种,本章案例中的新闻属于正向横排形式,选中段落,点击【格式】/【排版方向】/【正向横排】即可,如图4.1.28所示。

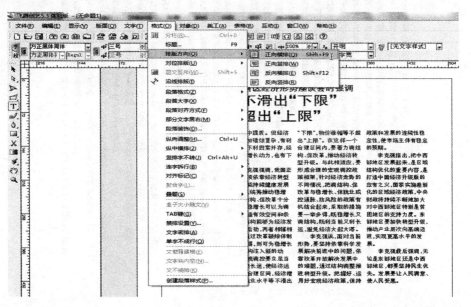

图 4.1.28

如果需要其他排版方向，用同样的方法选择即可。笔者接下来将展示排版方向中的四种类型，供读者学习参考。

● 正向横排（如图 4.1.29 所示）：

新华社电 7月9日，中共中央政治局常委、国务院总理李克强在广西主持召开部分省区经济形势座谈会并作重要讲话。

会上，广西壮族自治区党委书记彭清华、主席陈武和湖南省长杜家毫、广东省长朱小丹、贵州省长陈敏尔、陕西省长娄勤俭汇报了本地上半年经济社会发展情况，并就做好下半年工作提出了建议。

在听取大家发言后，李克强说，今年以来，我国经济运行总体上保持平稳，主要指标仍处于年度预期的合理区间，经济结构调整稳中有进，转型升级稳中提质。但经济环境更加错综复杂，有利条件与不利因素并存，经济既有增长动力，也有下行压力。

李克强强调，我国正处于必须依靠经济转型升级才能持续健康发展的阶段，统筹推动稳增长、调结构、促改革十分重要。稳增长可以为调结构创造有效空间和条件，调结构能够为经济发展增添后劲，两者相辅相成；而通过改革破除体制机制障碍，则可为稳增长和调结构注入新的动力。宏观调控要立足当前、着眼长远，使经济运行处于合理区间，经济增长率、就业水平等不滑出“下限”，物价涨幅等不超出“上限”。在这样一个合理区间内，要着力调结构、促改革，推动经济转型升级。与此相适应，要形成合理的宏观调控政策框架，针对经济走势的不同情况，把调结构、促改革与稳增长、保就业或控通胀、防风险的政策有机结合起来，采取的措施要一举多得，既稳增长又调结构，既利当前又利长远，避免经济大起大落。

李克强说，面对当前形势，要坚持依靠科学发展解决前进中的问题，依靠改革开放解决发展中的难题，通过结构调整推进转型升级。把握好、运用好宏观经济政策，保持政策和发展的连续性稳定性，使市场主体有稳定的预期。

李克强指出，把中西部地区发展起来，是区域结构优化的重要内容，是打造中国经济升级版的应有之义，国家实施差别化的区域经济政策，中央财政将持续不断地加大对中西部地区特别是贫困地区的支持力度。东部地区要加快转型升级，推动产业层次向高端迈进，实现更高水平的发展。

李克强最后强调，无论是东部地区还是中西部地区，都要坚持民生优先。发展要让人民满意、使人民受惠。

图 4.1.29

● 正向竖排（如图 4.1.30 所示）：

新华社电7月9日，中共中央政治局常委、国务院总理李克强在广西主持召开部分省区经济形势座谈会并作重要讲话。

会上，广西壮族自治区党委书记彭清华、主席陈武和湖南省长杜家毫、广东省长朱小丹、贵州省长陈敏尔、陕西省长娄勤俭汇报了本地上半年经济社会发展情况，并就做好下半年工作提出了建议。

在听取大家发言后，李克强说，今年以来，我国经济运行总体上保持平稳，主要指标仍处于年度预期的合理区间，经济结构调整稳中有进，转型升级稳中提质。但经济环境更加错综复杂，有利条件与不利因素并存，经济既有增长动力，也有下行压力。

李克强强调，我国正处于必须依靠经济转型升级才能持续健康发展的阶段，统筹推动稳增长、调结构、促改革十分重要。稳增长可以为调结构创造有效空间和条件，调结构能够为经济发展增添后劲，两者相辅相成；而通过改革破除体制机制障碍，则可为稳增长和调结构注入新的动力。宏观调控要立足当前、着眼长远，使经济运行处于合理区间，经济增长率、就业水平等不滑出“下限”，物价涨幅等不超出“上限”。在这样一个合理区间内，要着力调结构、促改革，推动经济转型升级。与此相适应，要形成合理的宏观调控政策框架，针对经济走势的不同情况，把调结构、促改革与稳增长、保就业或控通胀、防风险的政策有机结合起来，采取的措施要一举多得，既稳增长又调结构，既利当前又利长远，避免经济大起大落。

李克强说，面对当前形势，要坚持依靠科学发展解决前进中的问题，依靠改革开放解决发展中的难题，通过结构调整推进转型升级。把握好、运用好宏观经济政策，保持政策和发展的连续性稳定性，使市场主体有稳定的预期。

李克强指出，把中西部地区发展起来，是区域结构优化的重要内容，是打造中国经济升级版的应有之义，国家实施差别化的区域经济政策，中央财政将持续不断地加大对中西部地区特别是贫困地区的支持力度。东部地区要加快转型升级，推动产业层次向高端迈进，实现更高水平的发展。

李克强最后强调，无论是东部地区还是中西部地区，都要坚持民生优先。发展要让人民满意、使人民受惠。

图 4.1.30

● 反向横排(如图 4.1.31 所示)：

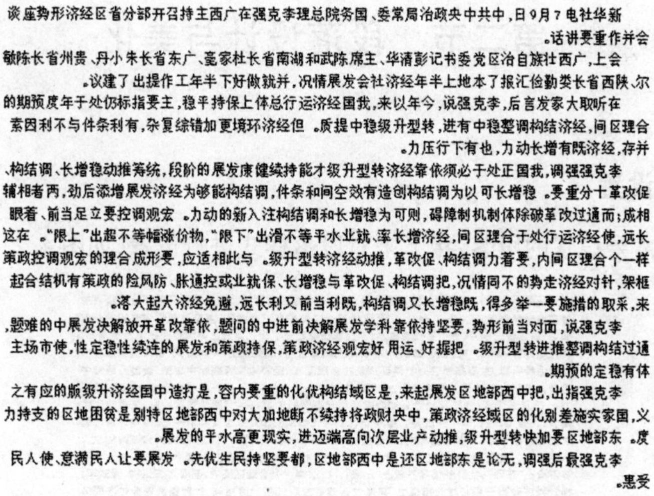

图 4.1.31

● 反向竖排(如图 4.1.32 所示)：

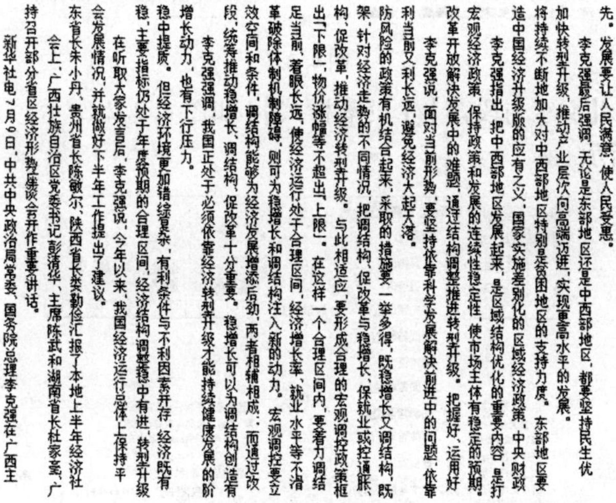

图 4.1.32

【小贴示】
　　在设置排版方向时,除了点击【格式】/【排版方向】外,还可以直接点击图标 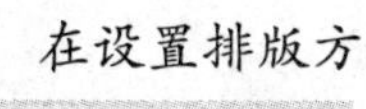 进行设置。

第二节　段落设计与美化

一、样式设置

首先导入需要设置的段落,接下来对段落样式进行设置,如图 4.2.1 所示。

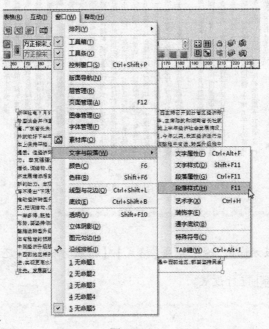

图 4.2.1

点击【窗口】/【文字与段落】/【段落样式】(如图 4.2.2 所示),调出段落样式窗口,如图 4.2.3 所示。

图 4.2.2

图 4.2.3

　　在文字样式窗口中,可以创建文字样式。在以后的排版过程中,可以直接利用定义好的文字样式,从而方便操作,提高工作效率。

　　点击文字样式窗口右上方最后一个小三角形 ▶,或者点击窗口下方的第一个图标 ♪,选择"新建样式",这时弹出段落样式编辑对话框,如图 4.2.4 所示。

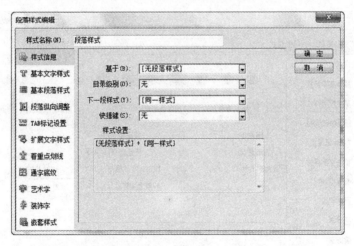

图 4.2.4

　　● 样式名称:自定义新建样式的名称输入即可。

　　● 样式信息:对段落样式的基本信息进行设置。设置样式基本信息,如果是新建样式,"基于"下拉菜单中将没有选项;如果是一小段内容,也无需设置"目录级别"和"下一段样式"。为了方便操作,可以在"快捷键"下拉菜单中选择一个样式快捷键。

　　● 基本文字样式:对新建段落样式中文字的字体、题号、字距、行距、颜色、对齐方式等内容进行设置,如图 4.2.5 所示。

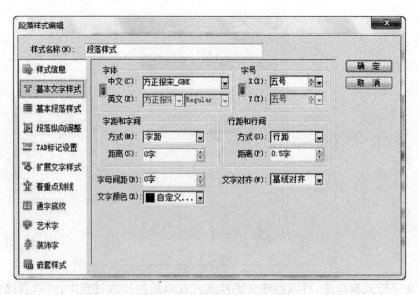

图 4.2.5

● 段落基本样式:可对段落的对齐方式、缩进、段首大字等内容进行设置,如图 4.2.6 所示。

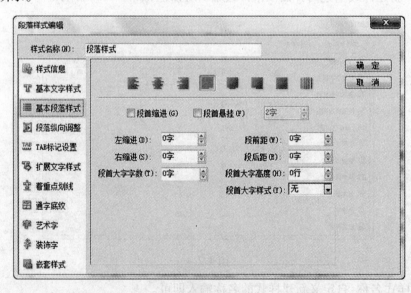

图 4.2.6

● 段落纵向调整:根据需要对段落中需要特别调整行距的内容进行调整,如图 4.2.7 所示。

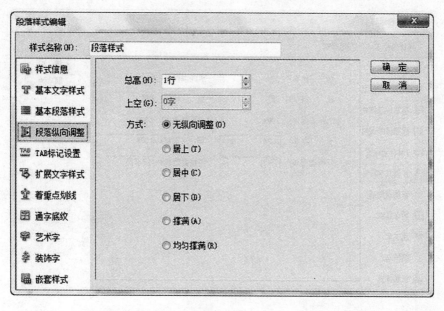

图 4.2.7

● TAB 标记设置:在本书下篇第九章杂志版面设计中将会详细介绍,如图 4.2.8 所示。

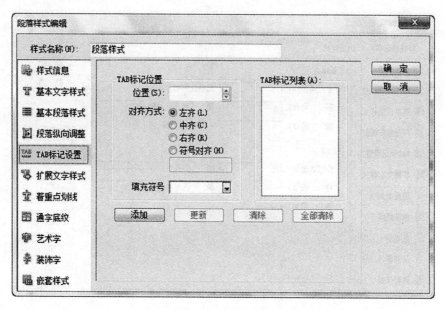

图 4.2.8

● 扩展文字样式:对文字进行更多类型的设计,如图 4.2.9 所示。

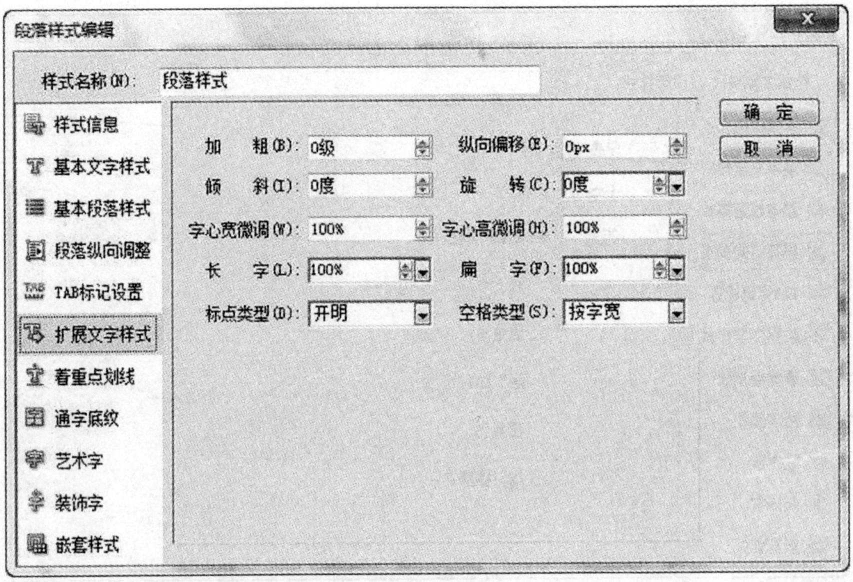

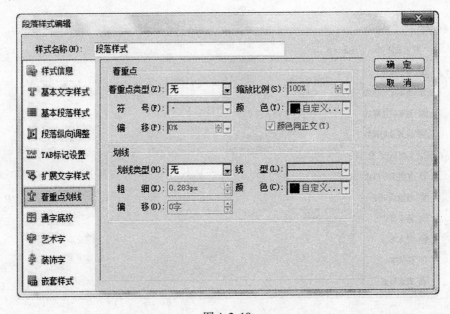

图 4.2.9

● 着重点划线:对段落中需要强调的内容添加着重点或者划线,让重点内容更加
醒目,如图 4.2.10 所示。

图 4.2.10

● 通字底纹:为段落中的文字加上底纹,让段落在设计方面更加美观,如图
4.2.11 所示。

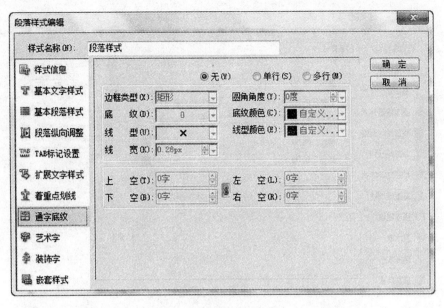

图 4.2.11

● 艺术字:根据需要将段落中的文字变为艺术字,进行立体、勾边、空心等设计,如图 4.2.12 所示。

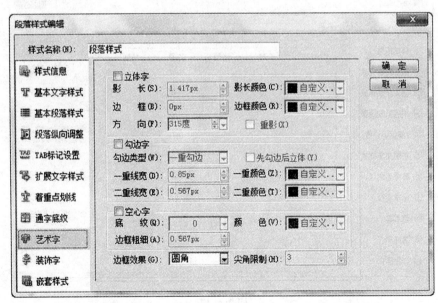

图 4.2.12

● 装饰字:同样是为了让段落在设计方面更加多彩,为段落文字加上装饰形状,如图 4.2.13 所示。

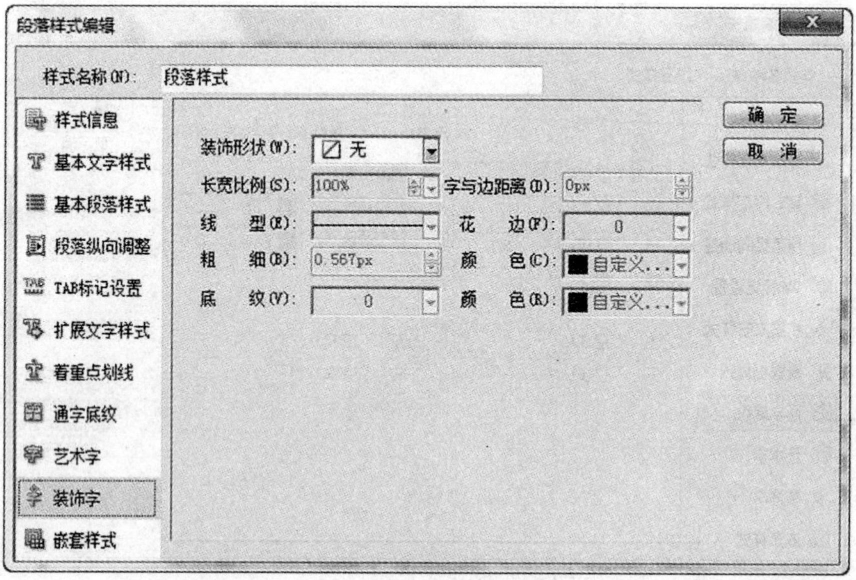

图 4.2.13

● 嵌套样式:可以将自定义的文字样式嵌套入段落样式当中,如图 4.2.14 所示。

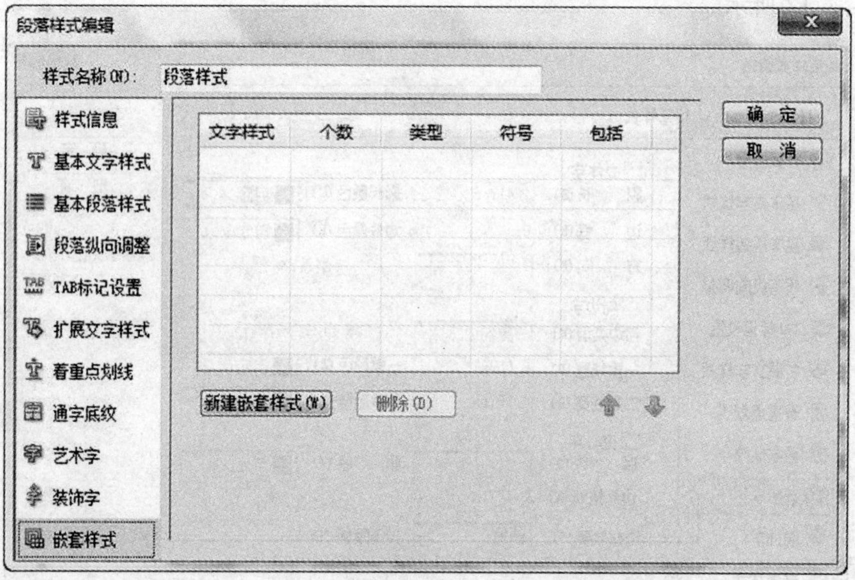

图 4.2.14

段落样式编辑好之后,点击确定,"段落样式"窗口就会出现刚刚自定义的段落样式,如图 4.2.15 所示。

图 4.2.15

如果在编辑过程中需要用到定义好的段落样式,只需选中段落中需要设计的内容,双击段落样式窗口中设计好的样式即可。

如果需要对定义好的段落样式进行修改,单击定义好的段落样式,然后点击窗口右上角的小三角▶,选择"编辑样式"或者窗口下方第二个图标▶,即可对编辑好的样式进行修改。

同样,编辑好的样式也可以复制和删除。

注意:如果有内容应用了段落样式,那么段落样式修改之后的结果也将直接应用于文字内容。如果不希望修改某些内容的样式,可以在修改样式之前选中应用了样式的文字,然后在"段落样式"窗口中双击"无段落样式",切断所选文字内容与样式的链接关系即可。

二、段落的排版与设计

在报刊版面编排时,文字通常不会以单独的形式出现,往往会在段落中配上图片,使文章的内容更加清晰和生动。在版式设计中,图片与文字的混排是非常重要的,要处理好图片与文字间的距离、图片与文字的位置关系等。

图片与文字排入飞腾创艺之后,都成为单独的块。如果这些块的位置有重合,往往会出现文字和图片相互遮挡的现象,因此"图文互斥"在排版过程中就显得十分重要。

选中与段落配套的图片,点击【格式】/【图文互斥】(如图 4.2.16 所示),打开"图文互斥"对话框,如图 4.2.17 所示。

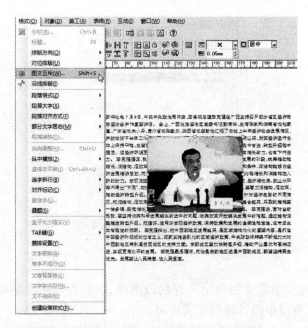

图 4.2.16

图 4.2.17

在图文互斥对话框中,可以设置图片与文字的关系。

(1)图文关系

图文无关——表示图片与文字块相互独立,点击该图标,可以取消图文互斥关系。

轮廓互斥——表示文字将沿着图像的轮廓路径环绕,当图片有裁剪路径时,环绕效果便可以实现。

外框互斥——表示文字沿着图像的外边框环绕。

（2）文字走向

在"图文互斥"对话框中，如果点击"轮廓互斥"或者"外框互斥"，可以对文字走向进行设置。下面笔者将演示三种文字走向的具体样式。

● 分栏串文

"分栏串文"使在图片两边的文字进行了分栏处理，如图4.2.18所示。

图 4.2.18

● 不分栏串文

"不分栏串文"表示图片将文字隔开，但是图片两边的文字并没有进行分栏处理，如图4.2.19所示。

图 4.2.19

● 不串文

"不串文"表示图片插入后，文字块被图片分割，图片两边没有文字出现，如图4.2.20所示。

新华社电 7月9日，中共中央政治局常委、国务院总理李克强在广西主持召开部分省区经济形势座谈会并作重要讲话。

会上，广西壮族自治区党委书记彭清华、主席陈武和湖南省长杜家毫、广东省长朱小丹、贵州省长陈敏尔、陕西省长娄勤俭汇报了本地上半年经济社会发展情况，并就做好下半年工作提出了建议。

在听取大家发言后，李克强说，今年以来，我国经济运行总体上保持平稳，主要指标仍处于年度预期的合理区间，经济结构调整稳中有进，转型升级稳中提质。但经济环境更加错综复杂，有利条件与不利因素并存，经济既有增长动力，也有下行压力。

李克强强调，我国正处于必须依靠经济转型升级才能持续健康发展的阶段，统筹推动稳增长、调结构、促改革十分重要。稳增长可以为调结构创造有效空间和条件，调结构能够为经济发展增添后劲，两者相辅相成；而通过改革破除体制机制障碍，则可为稳增长和调结构注入新的动力。宏观调控要立足当前、着眼长远，使经济运行处于合理区间，经济增长率、就业水平等不滑出"下限"，物价涨幅等不冒出"上限"。在这样一个合理区间内，要着力调结构、促改革，推动经济转型升级。与此相适应，要形成合理的宏观调控政策框架，针对经济走势的不同情况，把调结构、促改革与稳增长、保就业或控通胀、防风险的政策有机结

图 4.2.20

（3）边空

"边空"用来设置文字与图像外边框或图像裁剪路径之间的距离。

（4）轮廓类型

当图像带有裁剪路径时，点击"图文互斥"对话框中的"轮廓互斥"，将激活"轮廓类型"中的参数。当选择"裁剪路径"时，文字将沿着裁剪路径排版；当选择"外边框"时，效果与"外框互斥"相同。

三、沿线排版

在有些海报或者卡片上，往往文字并不一定完全像课本中一样整齐沿直线排列着，有时可能会出现沿着曲线或者图形的轮廓排版。

本节介绍沿线排版，以曲线为例。

绘制出需要沿线排版的曲线（具体绘制方法见第五章），选择"沿线排版"工具（将光标移至"文字工具"，长按鼠标左键即可出现"沿线排版"工具），如图 4.2.21 所示。

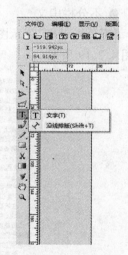

图 4.2.21

将光标移至曲线上，单击鼠标左键，曲线上出现闪烁的光标后，直接输入文字即可。文字将沿着曲线排列，如图 4.2.22 所示。

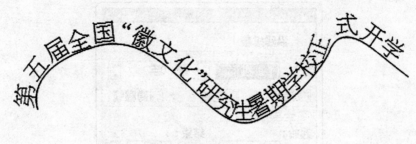

图 4. 2. 22

　　除了可沿着曲线排版，也可沿着圆形、矩形、菱形、多边形等闭合图形排版，只要绘制好图形，操作基本一致。同时，沿线排版后的文字在属性设置方面和正常的文字是相同的。

　　沿线排版之后可以对文字设置特殊效果。选中排版的文字块，点击【格式】/【沿线排版】（如图 4. 2. 23 所示），出现"沿线排版"对话框，如图 4. 2. 24 所示。

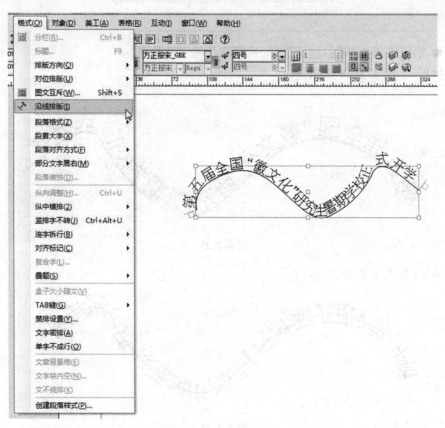

图 4. 2. 23

图 4.2.24

● 沿线排版类型 :包括拱形、风筝和阶梯三种类型。
拱形(如图 4.2.25 所示):

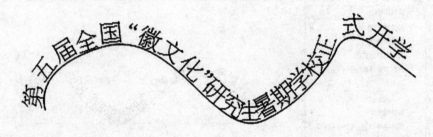

图 4.2.25

风筝(如图 4.2.26 所示):

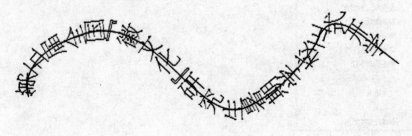

图 4.2.26

阶梯(如图 4.2.27 所示):

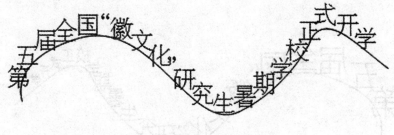

图 4.2.27

● 字与线的距离 :用于调整文字与曲线之间的距离。
● 错切:使文字倾斜方向与沿曲线方向保持一致,如图 4.2.28 所示。

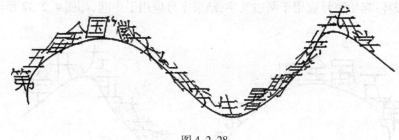

图 4.2.28

● 逆转:使沿线排版的文字方向与曲线方向相反,如图 4.2.29 所示。

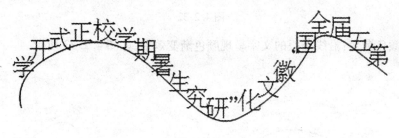

图 4.2.29

● 隐藏线:隐藏沿线排版的曲线,只显示文字,如图 4.2.30 所示。

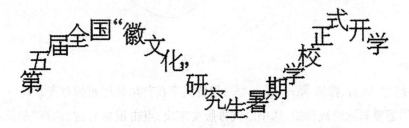

图 4.2.30

● 字号渐变:设置起始字号和结束字号,呈现字号渐变的效果,如图 4.2.31

所示。

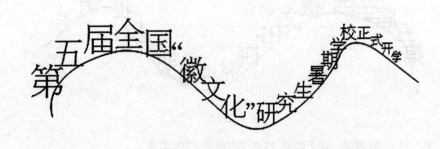

图 4.2.31

● 循环:起始字号应用于两边文字,结束字号应用于中间,如图 4.2.32 所示。

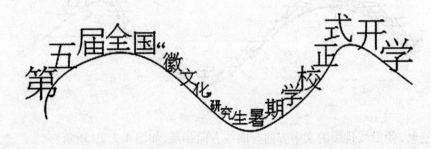

图 4.2.32

● 颜色渐变:沿线排版的文字呈现颜色渐变效果,如图 4.2.33 所示。

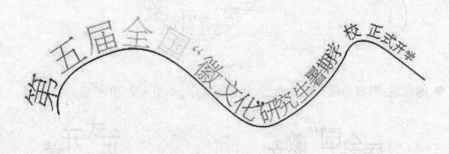

图 4.2.33

● 居左、居右、撑满 ▤ ▤ ▤ :设置文字在首尾标记间的对齐方式。

如果需要解除沿线排版,选中沿线排版文字块,点击鼠标右键,选择"解除沿线排版"即可,如图 4.2.34 所示。

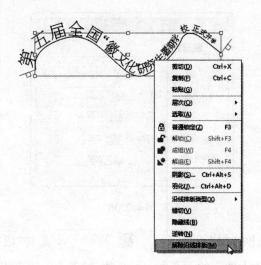

图 4. 2. 34

四、段首大字

在一些杂志中,有时会出现某篇文章的第一个字很大、文章其他内容的字号相同的设计形式,即"段首大字"的设计。

一篇文章往往不止一个段落,点击"文字工具",将光标放在需要进行"段首大字"的段落处,点击【格式】/【段首大字】(如图 4. 2. 35 所示),出现"段落属性"对话框,如图 4. 2. 36 所示。

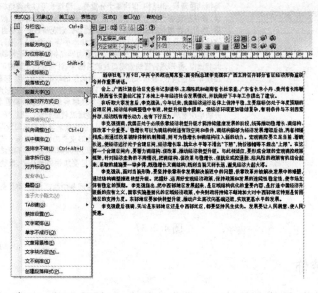

图 4. 2. 35

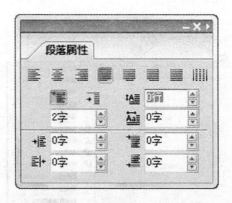

图 4.2.36

"段落属性"对话框中 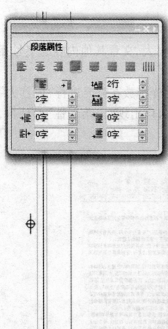 是对"段首大字"进行设置的选项,前者表示需要放大的字的大小所占的行数,后者表示段首需要放大的字的个数。

"段首大字"设置完毕后的效果如图 4.2.37 所示:

新华社电7月9日,中共中央政治局常委、国务院总理李克强在广西主持召开部分省区经济形势座谈会并作重要讲话。

会上,广西壮族自治区党委书记彭清华、主席陈武和湖南省长杜家毫、广东省长朱小丹、贵州省长陈敏尔、陕西省长娄勤俭汇报了本地上半年经济社会发展情况,并就做好下半年工作提出了建议。

在听取大家发言后,李克强说,今年以来,我国经济运行总体上保持平稳,主要指标仍处于年度预期的合理区间,经济结构调整稳中有进,转型升级稳中提质。但经济环境更加错综复杂,有利条件与不利因素并存,经济既有增长动力,也有下行压力。

李克强强调,我国正处于必须依靠经济转型升级才能持续健康发展的阶段,统筹推动稳增长、调结构、促改革十分重要。稳增长可以为调结构创造有效空间和条件,调结构能够为经济发展增添后劲,两者相辅相成;而通过改革破除体制机制障碍,则可为稳增长和调结构注入新的动力。宏观调控要立足当前、着眼长远,使经济运行处于合理区间,经济增长率、就业水平等不滑出"下限",物价涨幅等不超出"上限"。在这样一个合理区间内,要着力调结构、促改革,推动经济转型升级。与此相适应,要形成合理的宏观调控政策框架,针对经济走势的不同情况,把调结构、促改革与稳增长、保就业或控通胀、防风险的政策有机结合起来,采取的措施要一举多得,既稳增长又调结构,既利当前又利长远,避免经济大起大落。

李克强说,面对当前形势,要坚持依靠科学发展解决前进中的问题,依靠改革开放解决发展中的难题,通过结构调整推进转型升级。把握好、运用好宏观经济政策,保持政策和发展的连续性稳定性,使市场主体有稳定的预期。李克强指出,把中西部地区发展起来,是区域结构优化的重要内容,是打造中国经济升级版的应有之义,国家实施差别化的区域经济政策,中央财政将持续不断地加大对中西部地区特别是贫困地区的支持力度。东部地区要加快转型升级,推动产业层次向高端迈进,实现更高水平的发展。

李克强最后强调,无论是东部地区还是中西部地区,都要坚持民生优先。发展要让人民满意、使人民受惠。

图 4.2.37

五、段落装饰

在报刊设计中,通常不能缺少对段落的装饰,包括下划线、边框、底纹等。接下来笔者将会介绍一些段落装饰的方法。

用"文字工具"选中需要装饰的段落,或者将光标放在需要装饰的段落处,点击【格式】/【段落装饰】(如图 4.2.38 所示),出现"段落装饰"对话框,如图 4.2.39 所示。

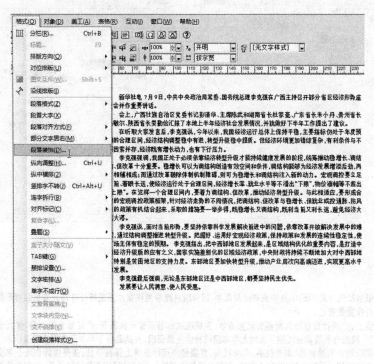

图 4. 2. 38

图 4. 2. 39

在"装饰类型"中可以选择需要装饰的内容。包括前后装饰线、上/下划线、外框/底纹三种类型,如图 4.2.40 所示。

● 前后装饰线:可以给段落的前后各加上装饰线(如图 4.2.41、4.2.42 所示)。
该功能用于一行段落,多行段落无法实现。

图 4.2.40

图 4.2.41

　　新华社电 7 月 9 日,中共中央政治局常委、国务院总理李克强在广西主持召开部分省区经济形势座谈会并作重要讲话。

　　会上,广西壮族自治区党委书记彭清华、主席陈武和湖南省长杜家毫、广东省长朱小丹、贵州省长陈敏尔、陕西省长娄勤俭汇报了本地上半年经济社会发展情况,并就做好下半年工作提出了建议。

　　在听取大家发言后,李克强说,今年以来,我国经济运行总体上保持平稳,主要指标仍处于年度预期的合理区间,经济结构调整稳中有进,转型升级稳中提质。但经济环境更加错综复杂,有利条件与不利因素并存,经济既有增长动力,也有下行压力。

　　李克强强调,我国正处于必须依靠经济转型升级才能持续健康发展的阶段,统筹推动稳增长、调结构、促改革十分重要。稳增长可以为调结构创造有效空间和条件,调结构能够为经济发展增添后劲,两者相辅相成;而通过改革破除体制机制障碍,则可为稳增长和调结构注入新的动力。宏观调控要立足当前、着眼长远,使经济运行处于合理区间,经济增长率、就业水平等不滑出"下限",物价涨幅等不超出"上限"。在这样一个合理区间内,要着力调结构、促改革,推动经济转型升级。与此相适应,要形成合理的宏观调控政策框架,针对经济走势的不同情况,把调结构、促改革与稳增长、保就业或控通胀、防风险的政策有机结合起来,采取的措施要一举多得,既稳增长又调结构,既利当前又利长远,避免经济大起大落。

　　李克强说,面对当前形势,要坚持依靠科学发展解决前进中的问题,依靠改革开放解决发展中的难题,通过结构调整推进转型升级。把握好、运用好宏观经济政策,保持政策和发展的连续性稳定性,使市场主体有稳定的预期。李克强指出,把中西部地区发展起来,是区域结构优化的重要内容,是打造中国经济升级版的应有之义,国家实施差别化的区域经济政策,中央财政将持续不断地加大对中西部地区特别是贫困地区的支持力度。东部地区要加快转型升级,推动产业层次向高端迈进,实现更高水平的发展。

　　李克强最后强调,无论是东部地区还是中西部地区,都要坚持民生优先。

—— 发展要让人民满意、使人民受惠。●

图 4.2.42

● 上/下划线:可以给需要装饰的段落添加上划线、下划线或者上/下划线(如图 4.2.43、4.2.44 所示)。

图 4.2.43

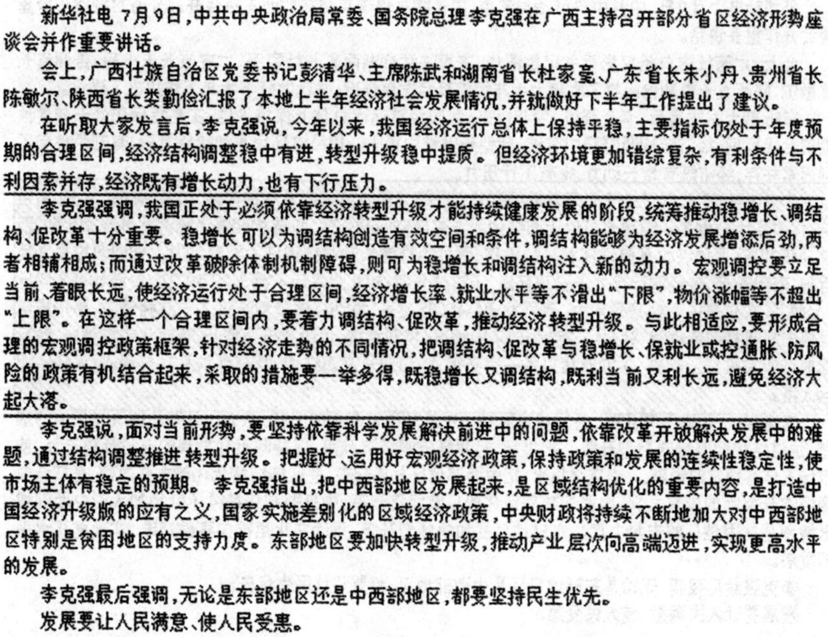

新华社电 7月9日,中共中央政治局常委、国务院总理李克强在广西主持召开部分省区经济形势座谈会并作重要讲话。

会上,广西壮族自治区党委书记彭清华、主席陈武和湖南省长杜家毫、广东省长朱小丹、贵州省长陈敏尔、陕西省长娄勤俭汇报了本地上半年经济社会发展情况,并就做好下半年工作提出了建议。

在听取大家发言后,李克强说,今年以来,我国经济运行总体上保持平稳,主要指标仍处于年度预期的合理区间,经济结构调整稳中有进,转型升级稳中提质。但经济环境更加错综复杂,有利条件与不利因素并存,经济既有增长动力,也有下行压力。

李克强强调,我国正处于必须依靠经济转型升级才能持续健康发展的阶段,统筹推动稳增长、调结构、促改革十分重要。稳增长可以为调结构创造有效空间和条件,调结构能够为经济发展增添后劲,两者相辅相成;而通过改革破除体制机制障碍,则可为稳增长和调结构注入新的动力。宏观调控要立足当前、着眼长远,使经济运行处于合理区间,经济增长率、就业水平等不滑出"下限",物价涨幅等不超出"上限"。在这样一个合理区间内,要着力调结构、促改革,推动经济转型升级。与此相适应,要形成合理的宏观调控政策框架,针对经济走势的不同情况,把调结构、促改革与稳增长、保就业或控通胀、防风险的政策有机结合起来,采取的措施要一举多得,既稳增长又调结构,既利当前又利长远,避免经济大起大落。

李克强说,面对当前形势,要坚持依靠科学发展解决前进中的问题,依靠改革开放解决发展中的难题,通过结构调整推进转型升级。把握好、运用好宏观经济政策,保持政策和发展的连续性稳定性,使市场主体有稳定的预期。李克强指出,把中西部地区发展起来,是区域结构优化的重要内容,是打造中国经济升级版的应有之义,国家实施差别化的区域经济政策,中央财政将持续不断地加大对中西部地区特别是贫困地区的支持力度。东部地区要加快转型升级,推动产业层次向高端迈进,实现更高水平的发展。

李克强最后强调,无论是东部地区还是中西部地区,都要坚持民生优先。

发展要让人民满意、使人民受惠。

图 4.2.44

● 外框/底纹：为段落加上边框和底纹，如图4.2.45、4.2.46所示。

段落装饰

模板(M)：未命名   [保存模板] [删除模板]

装饰类型(T)：外框/底图

外框

线型(L)：_____   花边(S)：   0

线宽(W)：0.567px   颜色(C)：■ 自定义...

上下空(O)：0.5字   左右空(R)：0字

□ 圆角(Y)：0度

底图

底纹(D)：   0   颜色(C)：■ 自定义...

□ 图像(I)：_____   [浏览(B)...]

○ 居中(N) ○ 平铺(F) ○ 拉伸(P) ○ 等比例缩放(G)

☑ 通栏(A) ☑ 预览(V)

[确 定]   [取 消]

图4.2.45

新华社电 7月9日，中共中央政治局常委、国务院总理李克强在广西主持召开部分省区经济形势座谈会并作重要讲话。

会上，广西壮族自治区党委书记彭清华、主席陈武和湖南省长杜家毫、广东省长朱小丹、贵州省长陈敏尔、陕西省长娄勤俭汇报了本地上半年经济社会发展情况，并就做好下半年工作提出了建议。

在听取大家发言后，李克强说，今年以来，我国经济运行总体上保持平稳，主要指标仍处于年度预期的合理区间，经济结构调整稳中有进，转型升级稳中提质。但经济环境更加错综复杂，有利条件与不利因素并存，经济既有增长动力，也有下行压力。

李克强强调，我国正处于必须依靠经济转型升级才能持续健康发展的阶段，统筹推动稳增长、调结构、保改革十分重要。稳增长可以为调结构创造有效空间和条件，调结构能够为经济发展增添后劲，两者相辅相成，而通过改革破除体制机制障碍，则可为稳增长和调结构注入新的动力。宏观调控要立足当前、着眼长远，使经济运行处于合理区间，经济增长率、就业水平等不滑出"下限"，物价涨幅等不超出"上限"。在这样一个合理区间内，要着力调结构、促改革、推动经济转型升级，与此相适应，要形成合理的宏观调控政策框架，针对经济走势的不同情况，把调结构、促改革与稳增长、保就业或控通胀、防风险的政策有机结合起来，采取的措施要一举多得，既稳增长又调结构，既利当前又利长远，避免经济大起大落。

李克强说，面对当前形势，要坚持依靠科学发展解决前进中的问题，依靠改革开放解决发展中的难题，通过结构调整推进转型升级。把握好、运用好宏观经济政策，保持政策和发展的连续性稳定性，使市场主体有稳定的预期。李克强指出，把中西部地区发展起来，是区域结构优化的重要内容，是打造中国经济升级版的应有之义，国家实施差别化的区域经济政策，中央财政将持续不断地加大对中西部地区特别是贫困地区的支持力度。东部地区要加快转型升级，推动产业层次向高端迈进，实现更高水平的发展。

李克强最后强调，无论是东部地区还是中西部地区，都要坚持民生优先。

发展要让人民满意、使人民受惠。

图4.2.46

> 【小贴示】
>
> 为段落加入边框和底纹也可以通过【美工】/【线型与花边】以及【美工】/【底纹】进行设置。

六、竖排字不转与纵中横排

将一个横排的段落变成纵向排列时，如果其中存在数字，则数字也会变成纵向，导致不符合读者的阅读习惯，如图4.2.47所示。

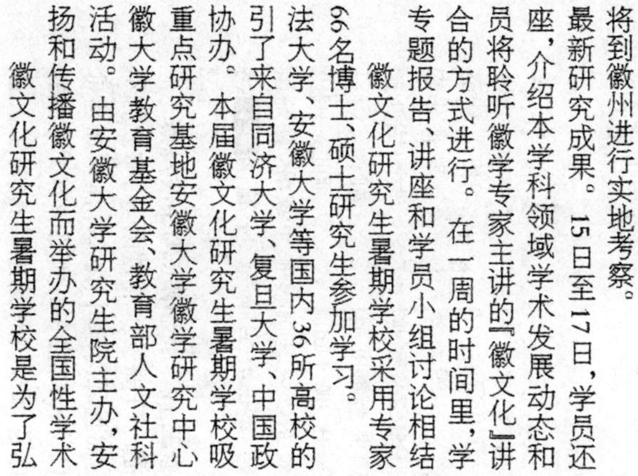

将到徽州进行实地考察。最新研究成果。15日至17日，学员将聆听座，介绍本学科领域学术发展动态和员将聆听徽学专家主讲的「徽文化」讲合的方式进行。在一周的时间里，学专题报告、讲座和学员小组讨论相结徽文化研究生暑期学校采用专家66名博士、硕士研究生参加学习。法大学、安徽大学等国内36所高校的引了来自同济大学、复旦大学、中国政协办。本届徽文化研究生暑期学校吸重点研究基地安徽大学徽学研究中心徽大学教育基金会、教育部人文社科活动。由安徽大学研究生院主办，安扬和传播徽文化而举办的全国性学术徽文化研究生暑期学校是为了弘

图 4.2.47

针对这种情况，可以先用"文字工具"选中需要变成纵向排列的段落，点击【格式】/【竖排字不转】。操作之后，再点击工具栏中的纵向排列图标，在全文纵向排列之后，文中的数字将仍然横向排列（如图4.2.48所示）。

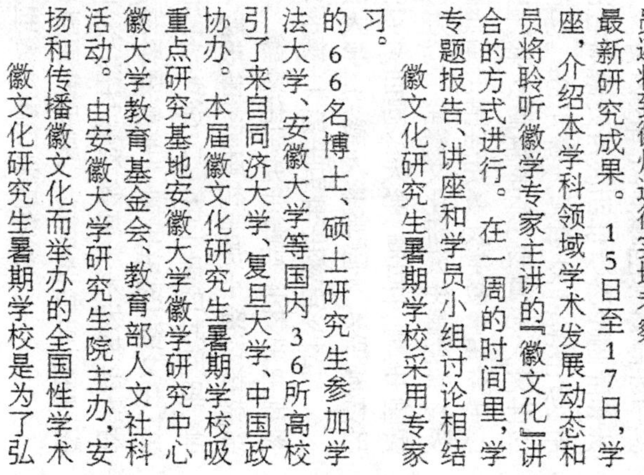

员还将到徽州进行实地考察。最新研究成果。15日至17日，学座，介绍本学科领域学术发展动态和员将聆听徽学专家主讲的「徽文化」讲合的方式进行。在一周的时间里，学专题报告、讲座和学员小组讨论相结徽文化研究生暑期学校采用专家习。的66名博士、硕士研究生参加学法大学、安徽大学等国内36所高校的引了来自同济大学、复旦大学、中国政协办。本届徽文化研究生暑期学校吸重点研究基地安徽大学徽学研究中心徽大学教育基金会、教育部人文社科活动。由安徽大学研究生院主办，安扬和传播徽文化而举办的全国性学术徽文化研究生暑期学校是为了弘

图 4.2.48

这时，会发现一个问题，如果数字只有一个字符，那么操作后符合需要，但是如果大于等于两个字符，那么，出现的情况也许同样不符合阅读习惯，此时就需要进行另一个操作来达到要求，即"纵中横排"。

在纵向排列的段落中，选中需要进行"纵中横排"操作的内容，点击【格式】/【纵中横排】，再根据格式要求，选择"不压缩"、"部分压缩"或者"最大压缩"即可（如图4.2.49所示），效果如图4.2.50所示。

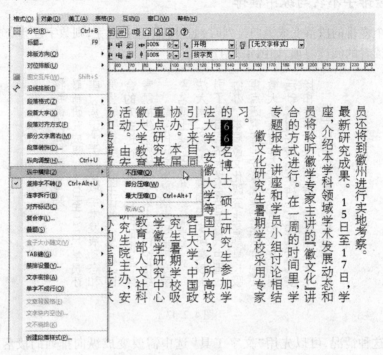

图4.2.49

徽文化研究生暑期学校是为了弘扬和传播徽文化而举办的全国性学术活动。由安徽大学研究生院主办，安徽大学教育基金会、教育部人文社科重点研究基地安徽大学徽学研究中心协办。本届徽文化研究生暑期学校吸引了来自同济大学、复旦大学、中国政法大学、安徽大学等国内36所高校66名博士、硕士研究生参加学习。徽文化研究生暑期学校采用专家专题报告、讲座和学员小组讨论相结合的方式进行。在一周的时间里，学员将聆听徽学专家主讲的『徽文化』讲座，介绍本学科领域学术发展动态和最新研究成果。15日至17日，学员还将到徽州进行实地考察。

图4.2.50

七、纵向调整

利用"文字工具"选中或者将光标插入需要进行纵向调整的内容,点击【格式】/【纵向调整】(如图 4.2.51 所示),出现"纵向调整"对话框,如图 4.2.52 所示。

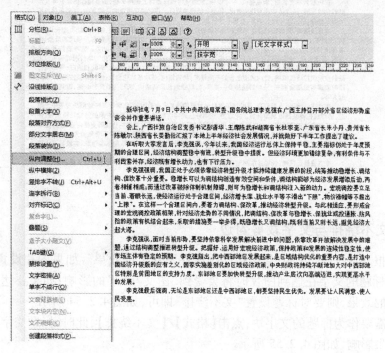

图 4.2.51

图 4.2.52

● 总高:用于指定段落文字内容的站位高度。

● 上空:表示需要设置的段落或者文字块的前距离,当设置"方式"为"居上"时,将激活该选项。

● 方式:设置段落或者文字块的排版方式,包括居中、居上、居下、撑满、均匀撑满。

设置后效果如图 4.2.53 所示:

新华社电 7月9日,中共中央政治局常委、国务院总理李克强在广西主持召开部分省区经济形势座谈会并作重要讲话。

会上,广西壮族自治区党委书记彭清华、主席陈武和湖南省长杜家毫、广东省长朱小丹、贵州省长陈敏尔、陕西省长娄勤俭汇报了本地上半年经济社会发展情况,并就做好下半年工作提出了建议。

在听取大家发言后,李克强说,今年以来,我国经济运行总体上保持平稳,主要指标仍处于年度预期的合理区间,经济结构调整稳中有进,转型升级稳中提质。但经济环境更加错综复杂,有利条件与不利因素并存,经济既有增长动力,也有下行压力。

李克强强调,我国正处于必须依靠经济转型升级才能持续健康发展的阶段,统筹推动稳增长、调结构、促改革十分重要。稳增长可以为调结构创造有效空间和条件,调结构能够为经济发展增添后劲,两者相辅相成;而通过改革破除体制机制障碍,则可为稳增长和调结构注入新的动力。宏观调控要立足当前、着眼长远,使经济运行处于合理区间,经济增长率、就业水平等不滑出"下限",物价涨幅等不超出"上限"。在这样一个合理区间内,要着力调结构、促改革,推动经济转型升级。与此相适应,要形成合理的宏观调控政策框架,针对经济走势的不同情况,把调结构、促改革与稳增长、保就业或控通胀、防风险的政策有机结合起来,采取的措施要一举多得,既稳增长又调结构,既利当前又利长远,避免经济大起大落。

李克强说,面对当前形势,要坚持依靠科学发展解决前进中的问题,依靠改革开放解决发展中的难题,通过结构调整推进转型升级。把握好、运用好宏观经济政策,保持政策和发展的连续性稳定性,使市场主体有稳定的预期。李克强指出,把中西部地区发展起来,是实现经济均衡发展的重要内容,是打造中国经济升级版的应有之义,国家实施差别化的区域经济政策,中央财政将持续不断地加大对中西部地区特别是贫困地区的支持力度。东部地区要加快转型升级,推动产业层次向高端迈进,实现更高水平的发展。

李克强最后强调,无论是东部地区还是中西部地区,都要坚持民生优先。发展要让人民满意、使人民受惠。

图 4.2.53

八、文不绕排与文字裁剪勾边

有些报刊在排版过程中会存在标题压在图片上的效果。如果图片设置了"图文互斥",那标题的文字在遇到图片时将会受到"图文互斥"的影响;如果要达到标题压在图片上的效果,则要对标题设置"文不绕排"即可,如图 4.2.54 所示。

选中需要作为标题的文字块,点击【格式】/【文不绕排】,此时,标题文字将不受图文互斥效果影响,如图 4.2.55 所示。

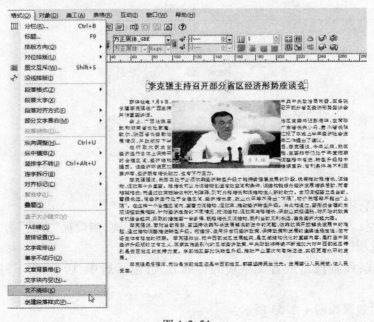

图 4.2.54

段落处理 第四章

图 4.2.55

当标题文字与图片重合时,可以在重合处为文字进行裁剪勾边,以突出显示。

选中标题文字块,点击【美工】/【裁剪勾边】/【文字裁剪勾边】(如图 4.2.56 所示),出现"文字裁剪勾边"对话框,如图 4.2.57 所示。

图 4.2.56

图 4.2.57

- 压图像时裁剪勾边：表示当文字块压在图像上时，进行裁剪勾边。
- 压图形时裁剪勾边：表示当文字块压在图形上时，进行裁剪勾边。
- 一重勾边：为文字添加一次描边效果，同时能够设置描边的颜色和粗细。
- 二重勾边：为文字添加两次描边效果，同时能够设置描边的颜色和粗细。如果勾选"一重裁剪"，将清除文字不压图部分的一次描边；勾选"二重裁剪"，将清除文字不压图部分的全部描边。

"文字裁剪勾边"效果如图 4.2.58 所示：

图 4.2.58

九、对位排版

在飞腾创艺中，有些段落经过分栏之后，由于段落行距或者其他原因，每一栏的两边文字可能不在同一条直线上，从而影响整体的美观，这时可以利用"对位排版"解决这一问题，使两栏的文字能够整齐排列。

"对位排版"的形式有两种。

- 逐行对位：文章的每一行都整齐排列。

选中需要调整的段落，点击【格式】/【对位排版】/【逐行对位】（如图 4.2.59 所示），此时可以显示文章背景格作为参考，选中段落，点击【格式】/【文章背景格】即可，如图 4.2.60 所示。

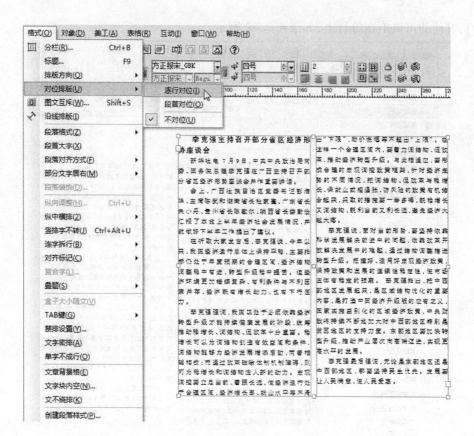

图 4.2.59

图 4.2.60

● 段首对位：表示文章每一段的第一行排在背景格的整行上（如图 4.2.61 所

示),其他的可以不在整行上,如图 4.2.62 所示。

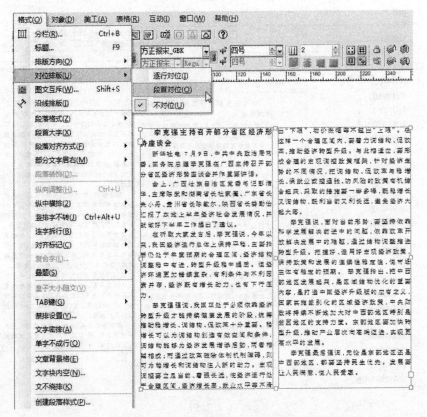

图 4.2.61

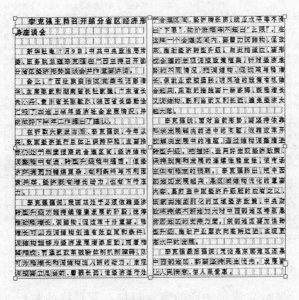

图 4.2.62

如果要取消"对位排版",选择"对位排版"菜单下的"不对位"即可。

十、叠题

"叠题"是在报刊版面设计中常见的一种效果。"叠题"可以将同一排文字中选中的多个文字排成两行。"叠题"菜单中包括"形成叠题"和"形成折接"两种形式。

● 形成叠题:将一排文字中选中的多个文字排成两排,两排文字的高度与主体文字高度一致。

用"文字工具"选中需要进行"叠题"设置的文字,点击【格式】/【叠题】/【形成叠题】即可(如图 4.2.63 所示),效果如图 4.2.64 所示。

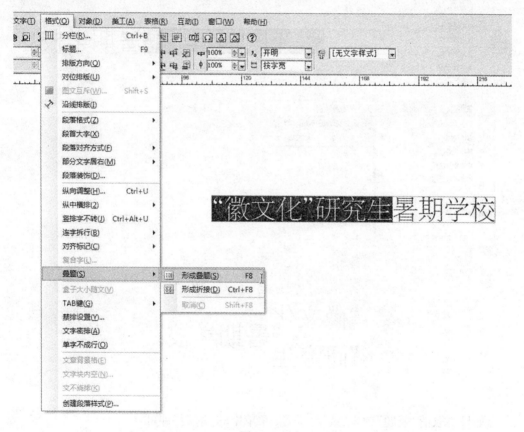

图 4.2.63

图 4.2.64

● 形成折接:将一排文字中选中的多个文字排成两排,两排文字中每排文字高度都与主体文字高度一致。

用"文字工具"选中需要进行"叠题"设置的文字,点击【格式】/【叠题】/【形成折接】即可(如图4.2.65所示),效果如图4.2.66所示。

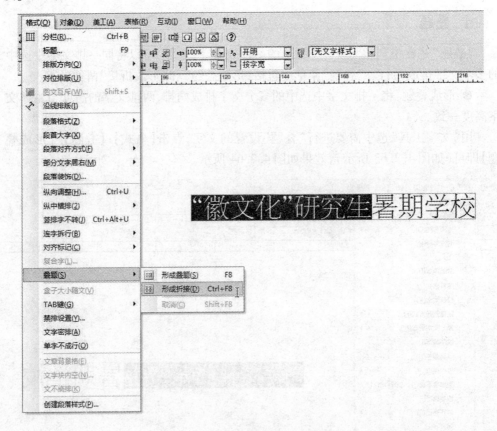

图4.2.65

图4.3.66

如果要取消"叠题"效果,选择"叠题"菜单中的"取消"即可。

十一、部分文字居右

在一些报刊中通常会看到一些文章结束后,在文章末尾居右的地方往往会标有"本文摘自……"这样的注释,这时就需要用到飞腾创艺中的"部分文字居右"这一功能。

用"文字工具"选中文章末尾需要居右的文字,点击【格式】/【部分文字居右】。在"部分文字居右"中有"不带字符"和"带字符"两种,如图4.2.67所示。

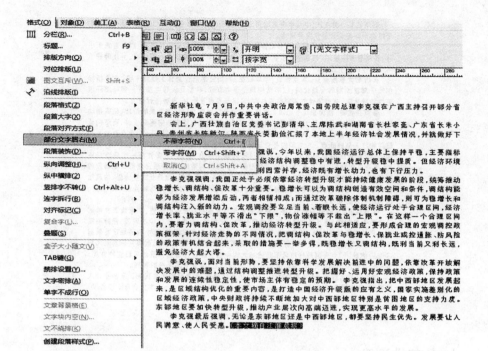

图 4.2.67

● 不带字符：表示居右的文字和正文之间以空格填充，如图 4.2.68 所示。

新华社电 7月9日，中共中央政治局常委、国务院总理李克强在广西主持召开部分省区经济形势座谈会并作重要讲话。

会上，广西壮族自治区党委书记彭清华、主席陈武和湖南省长杜家毫、广东省长朱小丹、贵州省长陈敏尔、陕西省长娄勤俭汇报了本地上半年经济社会发展情况，并就做好下半年工作提出了建议。

在听取大家发言后，李克强说，今年以来，我国经济运行总体上保持平稳，主要指标仍处于年度预期的合理区间，经济结构调整稳中有进，转型升级稳中提质。但经济环境更加错综复杂，有利条件和不利因素并存，经济既有增长动力，也有下行压力。

李克强强调，我国正处于必须依靠经济转型升级才能持续健康发展的阶段，统筹推动稳增长、调结构、促改革十分重要。稳增长可以为调结构创造有效空间和条件，调结构能够为经济发展增添后劲，两者相辅相成；而通过改革破除体制机制障碍，则可为稳增长和调结构注入新的动力。宏观调控要立足当前、着眼长远，使经济运行处于合理区间，经济增长率、就业水平等不滑出"下限"，物价涨幅等不超出"上限"。在这样一个合理区间内，要着力调结构、促改革，推动经济转型升级。与此相适应，要形成合理的宏观调控政策框架，针对经济走势的不同情况，把调结构、促改革与稳增长、保就业或控通胀、防风险的政策有机结合起来，采取的措施要一举多得，既稳增长又调结构，既利当前又利长远，避免经济大起大落。

李克强说，面对当前形势，要坚持依靠科学发展解决前进中的问题，依靠改革开放解决发展中的难题，通过结构调整推进转型升级。把握好、运用好宏观经济政策，保持政策和发展的连续性稳定性，使市场主体有稳定的预期。李克强指出，把中西部地区发展起来，是区域结构优化的重要内容，是打造中国经济升级版的应有之义，国家实施差别化的区域经济政策，中央财政将持续不断地加大对中西部地区特别是贫困地区的支持力度。东部地区要加快转型升级，推动产业层次向高端迈进，实现更高水平的发展。

李克强最后强调，无论是东部地区还是中西部地区，都要坚持民生优先。发展要让人民满意、使人民受惠。　　　　　　　　　　　　　　　（本文摘自江淮晨报）

图 4.2.68

● 带字符：表示居右的文字和正文之间以省略符号填充，如图 4.2.69 所示。

新华社电 7月9日,中共中央政治局常委、国务院总理李克强在广西主持召开部分省区经济形势座谈会并作重要讲话。

会上,广西壮族自治区党委书记彭清华、主席陈武和湖南省省长杜家毫、广东省省长朱小丹、贵州省省长陈敏尔、陕西省省长娄勤俭汇报了本地上半年经济社会发展情况,并就做好下半年工作提出了建议。

在听取大家发言后,李克强说,今年以来,我国经济运行总体上保持平稳,主要指标仍处于年度预期的合理区间,经济结构调整稳中有进,转型升级稳中有提效。但经济环境更加错综复杂,有利条件与不利因素并存,经济既有增长动力,也有下行压力。

李克强强调,我国正处于必须依靠经济转型升级才能持续健康发展的阶段,统筹推动稳增长、调结构、促改革十分重要。稳增长可以为调结构创造有效空间和条件,调结构能够为经济发展增添后劲,两者相辅相成;而通过改革破除体制机制障碍,则可为稳增长和调结构注入新的动力。宏观调控要立足当前、着眼长远,使经济运行处于合理区间内,经济增长率、就业水平等不滑出"下限",物价涨幅等不超出"上限"。在这样一个合理区间内,要着力调结构、促改革,推动经济转型升级。与此相适应,要形成合理的宏观调控政策框架,针对经济走势的不同情况,把调结构、促改革与稳增长、保就业或控通胀、防风险的政策有机结合起来,采取的措施要一举多得,既利增长又调结构,既利当前又利长远,避免经济大起大落。

李克强说,面对当前形势,要坚持依靠科学发展解决前进中的问题,依靠改革开放解决发展中的难题,通过结构调整推进转型升级。把握好、运用好宏观经济政策,保持政策和发展的连续性稳定性,使市场主体有稳定的预期。李克强指出,把中西部地区发展起来,是区域结构优化的重要内容,是打造中国经济升级版的应有之义,国家实施差别化的区域经济政策,中央财政将持续不断地加大对中西部地区特别是贫困地区的支持力度。东部地区要加快转型升级,推动产业层次向高端迈进,实现更高水平的发展。

李克强最后强调,无论是东部地区还是中西部地区,都要坚持民生优先。发展要让人民满意、使人民受惠。 ⋯⋯⋯⋯⋯⋯⋯⋯⋯⋯⋯⋯(本文摘自江淮晨报)

图 4.2.69

十二、禁排设置

排版中常常会存在某一行的行首出现标点符号的问题,需要对其进行调整,这时需要用到的功能就是"禁排设置"。

选中段落,点击【格式】/【禁排设置】(如图 4.2.70 所示),出现"禁排设置"对话框,如图 4.2.71 所示。

图 4.2.70

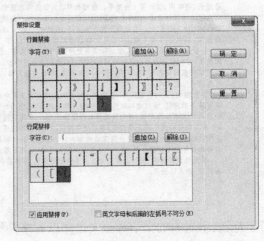

图 4.2.71

● 行首禁排：表示在行首不会出现的字符，在"字符"框中输入字符，点击"追加"，该字符将添加到禁排列表中，列表中的字符将不会在行首出现。如果列表中的字符允许出现，选中列表中的字符，点击"解除"即可。

● 行尾禁排：表示在行尾不会出现的字符，在"字符"框中输入字符，点击"追加"，该字符将添加到禁排列表中，列表中的字符将不会在行尾出现。如果列表中的字符允许出现，选中列表中的字符，点击"解除"即可。

● 应用禁排：只有勾选这一选项，禁排设置才能启用。

● 英文字母和后面的左括号不可分：勾选后表示换行时英文字母与后面的左括号不拆分，始终在同一行。

十三、段落添加背景

除了添加底纹之外，还可以将图像添加为段落的背景。选中文字块，点击【美工】/【背景图】，弹出"背景图"对话框，勾选"背景图"选项（如图 4.2.72 所示），选择作为背景的图片路径，设置"混合模式"、"透明度"等内容（如图 4.2.73 所示）。

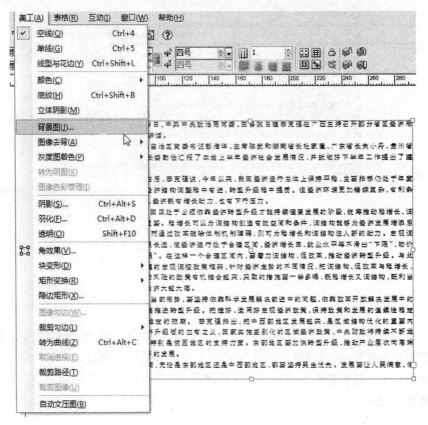

图 4.2.72

图 4. 2. 73

设置效果如图 4.7.74 所示：

图 4. 2. 74

本章小结

    本章详细介绍了报刊版面排版与设计中段落处理的相关内容,包括段落基本属性的设置和基本操作,以及段落在设计方面的一些效果制作。通过这一章的学习,读者可以使用方正飞腾创艺 5.3 进行段落编排设计,在进行简单操作的同时,在设计方面也能有所启发。

第五章　图形处理

【预备知识】

　　本章重点内容是关于图形的处理,包括如何运用各种绘图工具绘制图形、图元的勾边,以及图形的美化与编辑;为图形设置各种效果,比如底纹、立体阴影、角效果等;还介绍了如何设置复合路径、路径运算,如何使用素材库,如何在图形中排入文字,怎样排入 Coreldraw 文件等。灵活运用图形的效果和各种工具的功能可以使图形的表现力更强,更能彰显创造力。

第一节　图形的基本操作

一、图形绘制

(一)绘制工具

在工具箱里有两组绘图工具,按住当前显示的工具不放,即可展开工具组,如图5.1.1 所示,选取相应工具,可以在版面上绘制直线、矩形、椭圆、菱形、多边形、曲线。

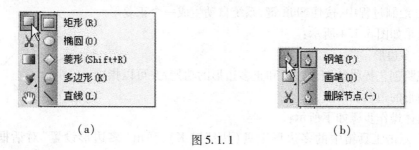

（a）　　　　　　　　　　　　　　　（b）

图 5.1.1

1. 直线工具

飞腾创艺系统提供绘制任意方向直线段的功能。

具体操作步骤如下所示:

① 单击工具箱中的直线工具(快捷键 L),进入绘制线段状态。

② 在任意位置单击,该点即为线段的起点,按住鼠标不放,拖动鼠标到线段终点,释放鼠标即可生成直线。

③ 绘制过程中,按住 Shift 键,分别朝水平、上下、斜角方向拖动,将分别精确绘制水平、垂直或倾斜角度为 45 度的线段。

2. 矩形工具

飞腾创艺提供绘制任意大小的矩形及正方形的功能。

具体操作步骤如下所示:

① 单击工具箱中的矩形工具(快捷键 R),进入绘制矩形状态。

② 将光标移至待绘制矩形的左上角位置单击,并按住鼠标左键不放,拖动鼠标到矩形的右下角。释放鼠标左键,即可生成矩形。

③ 绘制过程中,按住 Shift 键,系统自动生成一个正方形。

效果如图 5.1.2 所示:

3. 椭圆工具

飞腾创艺提供绘制任意大小的圆及椭圆的功能。

图 5.1.2

具体操作步骤如下所示:

① 单击工具箱中的椭圆工具(快捷键 O),进入绘制椭圆状态。

② 将光标移至待绘制椭圆的左上角位置单击,并按住鼠标左键不放,拖动鼠标到椭圆的右下角。释放鼠标左键,即可生成椭圆。

③ 绘制过程中,按住 Shift 键,系统自动生成一个正圆。

效果如图 5.1.3 所示:

4. 菱形工具

飞腾创艺提供绘制菱形和正菱形的功能。

图 5.1.3

具体操作步骤如下所示:

① 单击工具箱中的菱形工具(快捷键 Shift+R),进入绘制菱形状态。

② 将光标移至待绘制菱形的左上角位置单击,并按住鼠标左键不放,拖动鼠标到菱形的右下角。释放鼠标左键,即可生成菱形。

③ 绘制过程中,按住 Shift 键,系统自动生成一个正菱形。

效果如图 5.1.4 所示:

5. 多边形工具

飞腾创艺提供绘制多边形和正多边形的功能,并可以指定多边形的边数和角度。

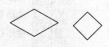

图 5.1.4

具体操作步骤如下所示:

① 双击工具箱中的多边形工具(快捷键 K),弹出"多边形设置"对话框,如图 5.1.5 所示。

② 设置多边形边数,以及内插角度数,点击"确定"后进入绘制多边形状态。

③ 将光标移至待绘制的多边形的左上角位置,按下鼠标左键不放,拖动鼠标左键到多边形右下角。松开鼠标左键,系统生成多边形。

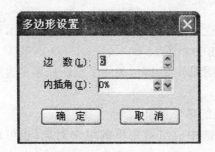

图 5.1.5

④ 绘制过程中,按住 Shift 键,系统自动生成一个正多边形。
效果如图 5.1.6 所示:

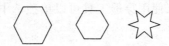

图 5.1.6

6. 穿透工具

飞腾创艺提供穿透工具,用于编辑图元、图像、文字块等对象的边框或节点。也用于选中组合对象里的单个对象,还可以单独选中图像。

(1)调整边框或节点

下面以图元为例,介绍使用穿透工具调整对象边框或节点的操作。

① 移动边框。使用穿透工具单击图元边框,用鼠标拖动边框,与该边相关的节点和边线也随之改变,如图 5.1.7 所示。在拖动的过程中,如果按住 Shift 键,则为 45 度、垂直或水平移动。

图 5.1.7

② 移动节点。使用穿透工具单击图元节点,鼠标拖动节点,与该节点相关的边也改变,如图 5.1.8 所示。在拖动的过程中,如果按住 Shift 键,则为 45 度、垂直或水平移动。

图 5.1.8

153

（2）增加或删除节点

① 增加节点。在穿透工具下选中要修改的图元,将显示出该图元的节点,双击鼠标左键即可在双击处增加一个节点。

② 删除节点。双击图元节点,即可删除节点。如果多边形的节数小于 3 个,则不可删除。

（3）选中成组对象里的单个对象

使用穿透工具可以选中成组对象里的单个对象,也可以单独选中文字块里的盒子。

选中单个对象后,拖动对象中心点,可以移动单个对象。选中对象后切换到选取工具,还可以调整对象大小。

（4）选中图像

飞腾创艺图像带有边框,使用穿透工具可以单独选中图像,调整图像在边框内的显示区域,如图 5.1.9 所示:

图 5.1.9

7. 画笔工具

使用画笔可绘出任意形状的图元。

具体操作步骤如下所示:

① 单击工具箱中的画笔工具(快捷键 D),进入画笔状态。

② 在版面的任意位置按下鼠标左键,就确定了曲线的起点。在版面拖动鼠标,系统根据鼠标的移动,自动绘制贝塞尔曲线。

③ 松开鼠标左键将结束作图,光标所在点即是曲线的终点。

效果如图 5.1.10 所示:

图 5.1.10

【小贴示】
画笔可实现续绘功能,把画笔工具移动到一个不封闭曲线端点,则可在此端点处续绘此曲线。但画笔工具不能绘制封闭的曲线。

双击画笔工具,会弹出"画笔工具"精度设置的提示框,可以设置高、中、低三种精度,默认为高精度,如图 5.1.11 所示。

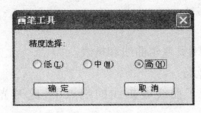

图 5.1.11

8. 钢笔工具

使用钢笔工具可以绘制贝塞尔曲线或折线。钢笔工具还提供了续绘功能,可以在已有的曲线或折线的端点处接着绘制。使用续绘功能,也可以连接两条非封闭的曲线或折线。使用钢笔工具绘制的线段的起始点和结束点由节点标记。节点为控制曲线的小正方形,在未被选中的状态下是空心的,选中状态下则变为实心,可以编辑路径节点来改变路径形状。

在这里重点讲解绘制折现和续绘功能,绘制贝塞尔曲线和编辑贝塞尔曲线详细内容放在"贝塞尔曲线"一部分来讲。

【小贴示】
● 绘制过程中按 Esc 键可以删除上一个节点。
● 绘制过程中按住 Ctrl 键,点击当前节点,可以取消当前节点一侧的切线;再按住 Shift 键,可以绘制水平、垂直、45 度角的直线。
● 双击钢笔工具,会弹出"钢笔工具设置"的提示框,可以设置橡皮条和自动添加删除,默认选中,如图 5.1.12 所示。
橡皮条:钢笔工具鼠标移动过程中带有连接线,绘制可变曲线段。
自动添加删除:表示绘制过程中点击前一个节点,可以删除该节点;也可以在非节点处增加新节点。

图 5.1.12

（1）绘制折线

具体操作步骤如下所示：

① 选择钢笔工具（快捷键 P），在版面上单击，设置第一个点。

② 松开鼠标左键，移动到第二个位置点击，即可在两点之间形成直线。

③ 松开鼠标左键，点击到第三个点，即可绘制连续直线，与上一条线形成折线。

④ 依次在版面上点击，即可在各节点之间形成折线。

⑤ 单击右键即可停止绘制。

效果如图 5.1.13 所示：

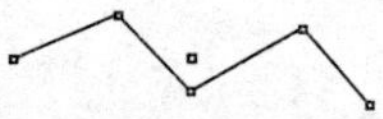

（2）续绘

钢笔工具能续绘非封闭贝塞尔曲线和折线。

图 5.1.13

具体操作步骤如下所示：

① 选择钢笔工具，置于曲线或折线的端点上，此时光标变成带加号状，如图 5.1.14（a）所示。

② 单击节点，就可以继续绘制，如图 5.1.14（b）所示。

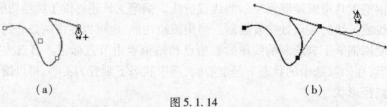

（a）   （b）

图 5.1.14

利用续绘功能可以连接两条非封闭的曲线或折线。此处以折线为例，说明续绘操作以及续绘后两个图元的属性继承关系。

① 准备两条非封闭的折线，如图 5.1.15（a）所示。

② 在前一条折线的末端单击节点，移动光标至第二条折线的首端节点上，如图 5.1.15（b）所示。

③ 单击节点，完成两条折线的连接，如图 5.1.15（c）所示。

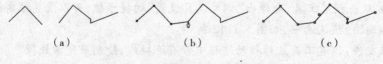

（a）   （b）   （c）

图 5.1.15

注意：如果两个非封闭的曲线带有不同的属性，例如设置底纹、线型及颜色，则完成连接后的曲线取最后一个被连接的曲线属性。

9. 删除节点工具

除了穿透工具可以删除节点外，飞腾创艺提供删除节点工具，可以同时选中和删除多个节点。

选择删除节点工具 ，（快捷键【-】）单击图元或图像，使图元或图像呈选中状态。然后可以使用以下三种方法删除节点。

方法1：单击节点，即可删除节点。

方法2：在版面上拖划出矩形区域，即可选中区域内的所有节点，按 Delete 键即可删除选中的节点。

方法3：单击边框，则可删除边框。

（二）图元勾边

图元勾边分为直接勾边和裁剪勾边。直接勾边即在图元线框外增加一层边框，并可设置勾边粗细和颜色。裁剪勾边即当勾边的图元压在图像或图元上时，保留压图部分的勾边效果，裁剪掉不压图部分的勾边效果。

1. 直接勾边

直接勾边可以在图元边框线的内外两侧同时勾边，并可以设置勾边线的颜色和粗细。

具体操作步骤如下所示：

① 选择选取工具或者穿透工具，选中需要勾边的图元。

② 单击【窗口】/【图元勾边】，弹出"图元勾边"浮动窗口，或者单击【美工】/【裁剪勾边】/【图元勾边】来执行操作，如图 5.1.16 所示。

图 5.1.16

③ 在"勾边类型"下拉列表中选择"直接勾边"，激活其他选项。此时，可以根据需要自行设置。

● 勾边内容：在"勾边内容"下拉列表里可以选择"一重勾边"或"二重勾边"。"一重勾边"在原线框内外添加一层边框，"二重勾边"可以在一重勾边的基础上再加一层边框。

● 颜色：在"颜色"下拉列表里选择勾边颜色。

● 勾边粗细：在"勾边粗细"编辑框内设置边框粗细值。

【案例5-1】 两重勾边，勾边粗细2mm，颜色为品和青，效果如图 5.1.17 所示。

2. 裁剪勾边

当图元压图时，往往不能清晰地显示图元轮廓，此时可以使用裁剪勾边功能对压图部分的图

图 5.1.17

元勾边,给图元添加与底图色差较大的边框,以突出图元。

具体操作步骤如下所示:

① 选择选取工具或者穿透工具,选中需要裁剪勾边的图元。可以选中多个图元,同时设置这些图元的裁剪勾边。

② 单击【窗口】/【图元勾边】,弹出"图元勾边"浮动窗口。或者单击【美工】/【裁剪勾边】/【图元勾边】,来执行操作。

③ 在"勾边类型"下拉列表中选择"裁剪勾边",激活其他选项。此时可以根据需要自行设置,如图 5.1.18 所示。

图 5.1.18

● 勾边对象:设置裁剪勾边的图元在何种对象上有裁剪勾边的效果。选中"图像",则图元压在图像上时有勾边效果;选中"图形",则图元压在图形上时才会有勾边效果。

● 勾边内容:选择"一重勾边"或"二重勾边"。

● 颜色:在"颜色"下拉列表里选择勾边颜色。

● 勾边粗细:在"勾边粗细"编辑框内设置边框粗细值。

● 一重裁剪和二重裁剪:选中"二重勾边"时,此选项被激活,选择"一重裁剪"即裁剪掉不压图部分第二层勾边效果;选择"二重裁剪"即裁剪掉不压图部分全部勾边效果。

【案例 5－2】 两重勾边,勾边粗细 2mm,颜色为品和青,效果如图 5.1.19、5.1.20 所示。

图 5.1.19

图 5.1.20

二、贝塞尔曲线

(一)绘制贝塞尔曲线

使用钢笔工具可以绘制贝塞尔曲线,并可以调整曲线的弧度和方向。

具体操作步骤如下所示：

① 选择钢笔工具，在版面上单击并按住鼠标左键，拖动鼠标，即可设置第一个点，如图 5.1.21(a)所示。

② 松开鼠标左键，到第二个点按下鼠标左键，同时在版面上拖动，调整切线的方向及长短，即可调整曲线的弧度，如图 5.1.21(b)所示。

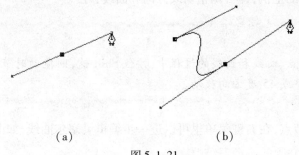

(a)   (b)

图 5.1.21

③ 可以按需要多次重复步骤②，绘制连续曲线。

④ 结束绘制。双击鼠标左键或单击鼠标右键即可结束绘制。

绘制封闭曲线时，需要将终点与起点重合，鼠标置于起点上，点击起点即可。如果点击起点时按住鼠标左键拖动，可以调整最后一个节点两侧曲线的弧度，如图 5.1.22(a)所示；如果点击到起点，按下鼠标左键不放，同时按住 Ctrl 键，拖动鼠标，则可以单独调整最后一段曲线的弧度，如图 5.1.22(b)所示。

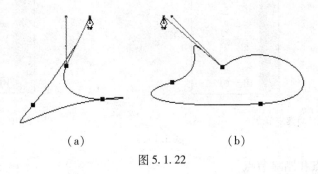

(a)   (b)

图 5.1.22

【小贴示】

● 绘制过程中按 Ctrl 键可以将光滑节点变为尖锐节点。尖锐节点表示调整切线时仅调整节点一边的曲线；光滑节点表示调整切线时节点两边的曲线同时调整。

● 绘制过程中，发现位置不理想，按 ESC 键可以取消当前节点，继续按 ESC 键可依次取消前面所画的节点。也可以将光标放在需要删除的节点上，单击鼠标左键删除节点。

(二)编辑贝塞尔曲线

完成贝塞尔曲线的绘制后,可以使用穿透工具选中曲线,继续编辑曲线。

具体操作步骤如下所示:

选择穿透工具,单击贝塞尔曲线,显示出曲线的节点。单击节点,按住左键可以拖动节点。穿透工具点击到节点之间的曲线上,即可拖动曲线。穿透工具点击到切线上,拖动切线两端的把柄,即可调整切线方向和曲线弧度。

【小贴示】

在拖动节点、曲线和切线的过程中,按住 Shift 键,则拖动时节点、曲线和切线沿垂直、水平或 45 度方向移动。

选中曲线或节点,在右键菜单里可以进一步编辑贝塞尔曲线,如图 5.1.23 所示。

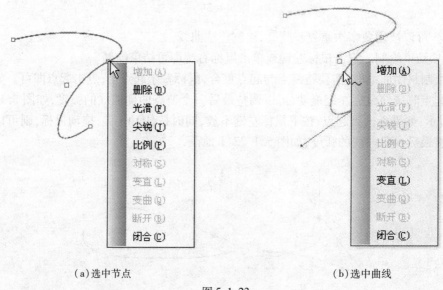

(a)选中节点   (b)选中曲线

图 5.1.23

1. 增加节点和删除节点

飞腾创艺提供在贝塞尔曲线上增加节点或删除节点的功能,让编辑更加方便,可以通过以下两种方法来执行操作。

方法 1:使用鼠标操作。使用穿透工具双击节点,即可删除节点;使用穿透工具双击两个节点之间的曲线,即可在曲线上增加节点。

方法 2:使用右键菜单操作。使用穿透工具选中曲线,在右键菜单里选择"增加"即可在选中曲线上增加节点;使用穿透工具选中节点,在右键菜单里选择"删除"即可删除选中的节点。当然,删除节点时还可以使用删除节点工具来完成操作。

2. 光滑节点和尖锐节点

使用穿透工具选中节点,在右键菜单里选择"尖锐"或"光滑",即可将节点转化为

图形处理 第五章

尖锐或光滑节点。调整切线时,光滑节点两侧曲线同时变动,切向量保持在一条直线上;尖锐节点两侧曲线仅有一侧的曲线发生变动,该侧曲线的切向量独立变化,尖锐节点显示为红色。

3. 比例和对称

使用穿透工具选中节点,在右键菜单里选择"比例"或"对称",即可将节点转化为比例节点或对称节点。对称是指控制点两侧切向量反向但长度相同;比例是指该控制点两侧切向量反向且长度保持原有比例。

4. 变直或变曲

使用穿透工具选中一段曲线,在右键菜单里选择"变直"即可将选中曲线变为直线;使用穿透工具选中一段直线,在右键菜单里选择"变曲"即可将选中直线变为曲线,拖动曲线上的切线,即可调整曲线弧度。效果如图 5.1.24 所示。

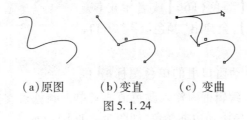

(a)原图　　　(b)变直　　　(c)变曲

图 5.1.24

5. 断开或闭合曲线

在闭合贝塞尔曲线上的任一处右键单击,选择弹出菜单中的"断开"命令,将在该处断开该曲线;在非闭合贝塞尔曲线的任意处右键单击,选择弹出菜单中的"闭合"命令,可以将该曲线闭合。效果如图 5.1.25 所示。

（a）断开　　　　　　　　　（b）闭合

图 5.1.25

第二节　图形设计与美化

一、图形的编辑

本节重点讲解图形的编辑与美化,包括颜色、线性与花边、底纹、立体阴影等效果的设置,灵活运用这些效果,会让图形更加有视觉冲击力。

【小贴示】

　　本节所介绍的设置效果可以从三种途径来进行:一种是通过"窗口"来选择,一种是通过"美工"来选择,还可以通过单击右键,在右键菜单里选择。视个人习惯可以选任意一条途径来执行操作。

(一)颜色设置

为图形填色,分为单色和渐变色。

1. 单色

① 使用选取工具选中要填颜色的图形,比如五角星,如图 5.2.1(a)所示。

② 单击【窗口】/【颜色(F6)】或者单击【美工】/【颜色】/【自定义】,会弹出"颜色"浮动窗口,如图 5.2.2 所示。

③ 单击"颜色"浮动窗口里的单色图标■和

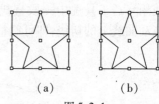

(a)　　　　(b)

图 5.2.1

边框图标□,在 CMYK 编辑框内输入颜色值或者单击颜色条或扩展后的颜色板选择所需颜色,即可为五角星添加边框颜色,如图 5.2.1(b)所示。

图 5.2.2

2. 渐变色

① 使用选取工具选中要填颜色的图形,比如矩形,如图5.2.3(a)所示。

② 在"颜色"浮动窗口里选择线性渐变图标□和边框图标□,如图5.2.4所示。

③ 点击左端分量点,设置渐变起始颜色;点击右端分量点,设置渐变终止颜色。

④ 双击颜色条,增加分量点,并设置颜色,效果如图5.2.3(b)所示。

⑤ 在"渐变类型"下拉列表里选择"双锥形渐变",即可改变渐变类型。

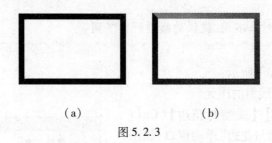

(a)   (b)

图5.2.3

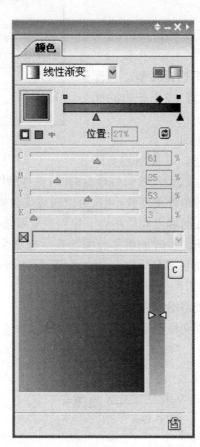

图5.2.4

(二)线型与花边

1. 线型

飞腾创艺提供的线型包括单线、双线、文武线、点线、短划线、各种点划、各种波浪线等多种线型。

在这里,以图元为例介绍线型的设置。

【小贴示】
    根据选中的对象不同,提供的线型种类不同。

具体操作步骤如下所示:

(1)选中要设置线型的图元。

(2)单击【窗口】/【线型与花边】(Ctrl+Shift+ L),弹出"线型与花边"浮动窗口,如图5.2.5所示。

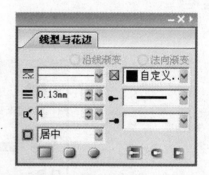

(3)在"线型与花边"浮动窗口的选项中,根据需要设置即可。

● 线型:在下拉列表里选择线型。选择"花边"则可进入花边的设置,关于花边的详细介绍参见"花边"部分。

● 线宽:设置线框的粗细。

图5.2.5

● 颜色:设置线框颜色。飞腾创艺支持设置沿线渐变和法向渐变。线型设置彩虹渐变时,可选择沿线渐变或法向渐变。

● 尖角限制:当线框转角处角度较小时,可以通过尖角幅度控制尖角的长度。

● 前端点和后端点:在前端点和后端点下拉列表里可选择端点类型。

● 线宽方向:表示线条加粗时加粗部分添加在线框哪个部分,可以选择外线、居中和内线。外线表示线条加粗部分添加在线框外部;居中表示以线框为中轴,向内和向外添加;内线表示线条加粗部分添加在线框内部。

● 端点角效果:设置线型端点为平头、圆头或方头。

● 交角类型:设置线框交角类型为尖角、圆角或折角。

线框的常用操作"线型"、"线宽"和"线宽方向",也可以通过控制窗口设置,如图5.2.6所示。

图5.2.6

【小贴示】

● 直线设置为空线后还可以设置线型。

● 文武线比例的取值范围是 0.01～100 倍。

● 设置表格、矩形的线型为文武线,当版面显示或打印时,可能会看到接头的地方有突出或断线的状况,此种现象不影响输出。

● 为直线设置点划线时,可以进行点划调整。当点长设置为"0"倍时,线型中的点显示以一倍线宽为直径画实心圆。

(4)对于箭头、划线等特殊线型,还可以设置特殊效果。点击"线型与花边"窗口右上角的三角按钮,在扩展菜单里提供箭头调整、点划调整以及线型前后装饰的功能,如图5.2.7所示。

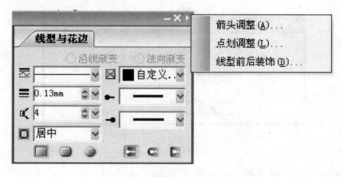

图 5.2.7

① 箭头调整:此功能用来调整各种箭头的形状和相关大小。选中箭头,点击"箭头调整",弹出"箭头调整"对话框,可以设置箭头的长度、宽度和距离。如图5.2.8所示:

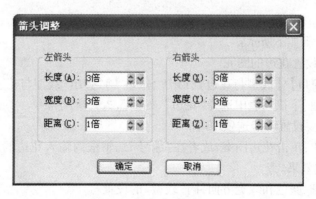

图 5.2.8

② 点划调整:选中划线,点击"点划调整",弹出"点划调整"对话框(如图5.2.9所示),可以设置划长、点长以及间隔。可以进行点划调整的线型有短划线、点划线和

双点划线。

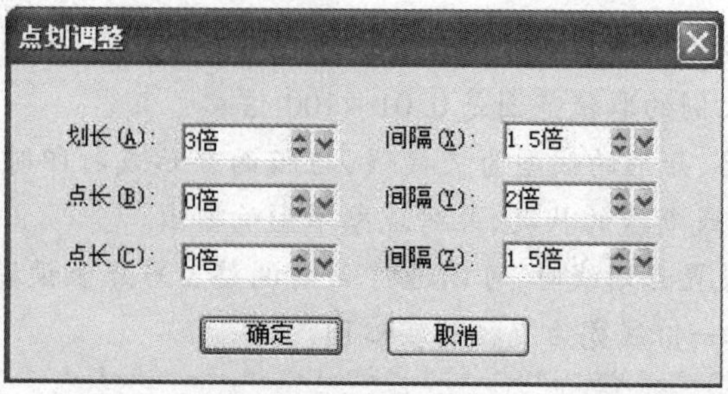

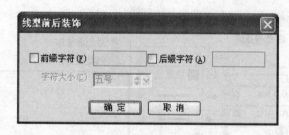

图 5.2.9

③ 线型前后装饰：选中不封闭的线型，点击"线形前后装饰"，弹出"线型前后装饰"对话框，如图 5.2.10 所示。可以设置前缀字符、后缀字符以及字符大小。

图 5.2.10

注意：设置前缀/后缀字符时，只允许设置一个字符。

2. 花边

飞腾创艺提供包括 0 号花边在内的 100 种花边类型，花边可以作用于图元、图像和文字块等对象边框。除飞腾创艺提供的花边类型外，也可以使用指定的字符作为花边。

注意：花边不能作用于椭圆或曲线。

具体操作步骤如下所示：

（1）选中要设置花边的图元。

（2）单击【窗口】/【线型与花边】（Ctrl+ Shift+ L），弹出"线型与花边"浮动窗口。

（3）在"线型"下拉列表中选择"花边"，如图 5.2.11 所示。

（4）根据需要设置各个选项即可。

① 设置花边：单击花边图案，或者在"编号"编辑框内输入花边的编号，即可为所选图元设置花边效果。

② 设置粗细、颜色和线宽方向，同"线型"的设置。

③ 设置字符花边。选中"字符花边"，在"字符"编辑框里输入 1 个字符，在"字体"下拉列表里选择字符所要设置的字体。字符可以是英文、中文或数字等，但只能是 1 个字符。效果如图 5.2.12 所示。

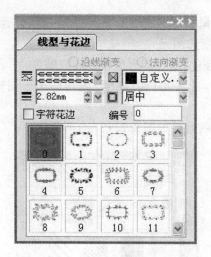

图 5. 2. 11

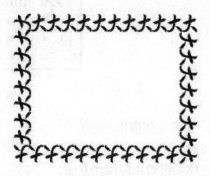

图 5. 2. 12

（三）底纹、立体阴影、角效果

1. 设置底纹

飞腾创艺提供 273 种底纹,可作用于图元、文字块、表格。不封闭的图元也可以设置底纹。

具体操作步骤如下所示:

（1）选中需要设置底纹的图元。例如椭圆,如图 5. 2. 13（a）所示。

（2）单击【窗口】/【底纹】（Ctrl + Shift + B）,弹出"底纹"浮动窗口,如图 5. 2. 14 所示。

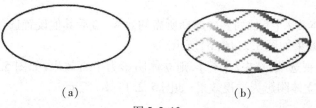

（a）   （b）

图 5. 2. 13

（3）设置底纹类型。鼠标单击底纹图案，或者在"编号"编辑框内输入底纹对应的编号，即可将底纹作用于所选图元。

（4）设置颜色。在【颜色】下拉列表里设置底纹颜色。

（5）设置宽度和高度。【宽度】和【高度】编辑框用于调整底纹的图片的尺寸，控制底纹疏密程度。

（6）根据需要设置完的效果如图 5.2.13（b）所示。

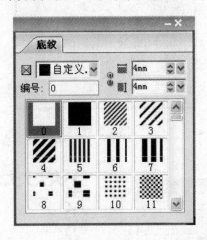

图 5.2.14

2. 设置立体阴影

飞腾创艺可以对图元、图像或文字块设置立体阴影效果。本节以图元为例，讲述设置立体阴影效果的操作方法。

具体操作步骤如下所示：

（1）选中需要设置立体阴影的图元。例如正方形，如图 5.2.15（a）所示。

（2）单击【窗口】/【立体阴影】，弹出"立体阴影"浮动窗口，如图 5.2.16 所示。

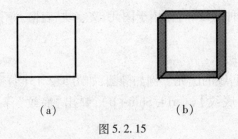

（a）　　　　　　　　（b）

图 5.2.15

（3）在【立体效果】下拉列表中选择所需的效果，激活其他设置选项。此时可以按需要设置选项，效果如图 5.2.16（b）所示。

① 平行/透视选项：选中【平行】，则立体阴影为平行效果，如图 5.2.17（a）所示；选中【透视】，则立体阴影为透视效果，如图 5.2.17（b）所示。

图 5.2.16

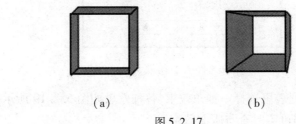

（a） （b）

图 5.2.17

② 立体效果：在"立体效果"下拉列表里，单击某图标，即可应用该效果，飞腾创艺提供了多种类型的立体效果。

③ 透视深度：当应用类型为透视效果时，激活"透视深度"微调框，透视深度用来定义立体底纹透视效果的程度。

④ X 方向偏移和 Y 方向偏移：方向偏移是指平行（或透视）后的图元中心相对于原图元中心的偏移值。正值表示立体底纹向右、向下偏，负值表示向左、向上偏。

⑤ 底纹和颜色：在"底纹"下拉列表里，可以设置立体部分的底纹，底纹类型的默认设置为空。单击"颜色"按钮，弹出"颜色"下拉列表，默认颜色为"K100"。

⑥ 带边框：边框指立体阴影的边框，取消"带边框"选项，则立体阴影不带边框，仅保留底纹等效果；选中"带边框"，则生成立体阴影的线型和线宽与图元的线型和线宽保持一致。

注意：当同时选中多个块进行立体阴影设置时，如果所选的块均是可设置立体阴影的块，则可以给多个块进行立体阴影设置；否则置灰，不能进行立体阴影设置。

3. 设置角效果

飞腾创艺可以对矩形或其他图元设置角效果。根据选中的图元是否为矩形，弹出不同的设置对话框，下面分别介绍。

（1）设置矩形的角效果

具体操作步骤如下所示：

① 使用选取工具选中需要设置角效果的矩形。

② 单击【美工】/【角效果】，弹出"角效果"对话框，如图 5.2.18 所示。

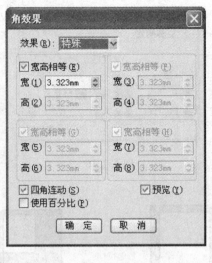

图 5.2.18

③ 在"效果"下拉列表里选择一种角效果,各种效果如图 5.2.19 所示。在设置的过程中,选中"预览",即可实时查看版面效果。

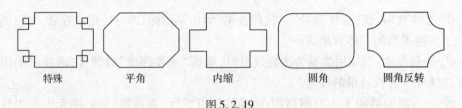

特殊　　　　平角　　　　内缩　　　　圆角　　　　圆角反转

图 5.2.19

④ 选择"效果"后,激活四角设置选项,分别对应矩形四个角。在高度和宽度编辑框内指定圆角宽和高的长度值,当选中"宽高相等"时,宽度与高度连动。

⑤ 选中"四角连动",当设置了矩形一个角后,其他角也相应连动。

⑥ 选中"使用百分比",则"高"和"宽"的值用百分比表示。

⑦ 单击"确定"即可完成设置。

【小贴示】

为菱形图元设置角效果时,不可选择"四角连动"。

(2)设置其他图元的角效果

具体操作步骤如下所示:

① 使用选取工具选中图元。

② 单击【美工】/【角效果】,弹出"角效果"对话框,如图 5.2.20 所示。

③ 在"效果"下拉列表中选择角的类型,各个效果如图 5.2.21 所示。选中"预览"可以在版面看到设置效果。

④ 在"尺寸"编辑框内设置角的大小。

⑤ 单击"确定"即可完成设置。

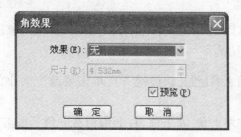

图 5.2.20

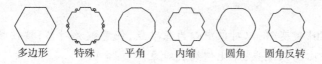

多边形　　特殊　　平角　　内缩　　圆角　　圆角反转

图 5.2.21

（四）透视、变倍、块变形效果

1. 透视

透视效果使图形看起来有一种由近及远的感觉。可以进行透视的对象包括：图元和转换成曲线的文字。飞腾创艺透视效果分为扭曲透视和平面透视，可以通过工具箱的扭曲透视 [⟋] （快捷键 Y）和平面透视 [△]（快捷键 F）工具来实现。

具体操作步骤如下所示：

（1）选择工具箱中的扭曲透视工具或平面透视工具。

（2）单击图元或者是转为曲线的文字，将光标置于控制点，光标变为"小手"形状。

（3）按住鼠标左键拖动到满意的效果即可，效果如图 5.2.22 所示。

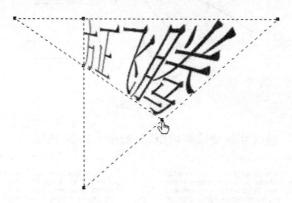

图 5.2.22

（4）若要取消透视属性，选中透视图元后，单击【美工】/【取消透视】即可。

注意：使用透视工具编辑后的图元，若要与普通图元一样进行编辑，必须转为曲线。选中有透视效果的图元,选择【美工】/【转为曲线】,即可将带透视属性的图元转为普通图元。

2. 变倍

变倍是指可以对对象任意缩放,即很方便地用鼠标对对象进行变倍操作。

具体操作步骤如下所示:

(1)使用旋转变倍工具 （快捷键 X）,单击要改变大小的对象,对象成实心控制点。

(2)变倍控制点在左上角、左下角、右上角和右下角。按需要拖动控制点,松开鼠标即可完成。

【小贴示】
　　按住 Ctrl 键变倍,以对象中心为基准点,任意缩放对象;按住 Shift 键变倍,则以对象中心为基准点,等比例缩放对象。

3. 块变形

使用块变形功能,可以将任意图元、文字块和图像快速转为矩形、圆角矩形、菱形、椭圆、多边形、对角直线、曲线。下面以图元为例,介绍块变形的操作。

具体操作步骤如下所示:

(1)使用选取工具选中图元。

(2)选择菜单【美工】/【块变形】,在二级菜单中选择所需要的类型:矩形、圆角矩形、菱形、椭圆、多边形、对角直线、曲线。

【案例5-3】 将曲线变为矩形,如图 5.2.23 所示。

图 5.2.23

【案例5-4】 将文字块变成圆角矩形,如图 5.2.24 所示。

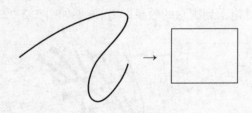

方正飞腾创艺(FantArt)5.1 是北京北大方正电子有限公司研发的一款集图像、文字和表格于一体的综合性排版软件,它以强大的图形图像处理能力、人性化的操作模式,顶级中文处理能力和表格处理能力,能出色地表现版面设计思想,适于报纸、杂志、图书、宣传册和广告插页等各类出版物。

→

方正飞腾创艺(FantArt)5.1 是北京北大方正电子有限公司研发的一款集图像、文字和表格于一体的综合性排版软件,它以强大的图形图像处理能力、人性化的操作模式,顶级中文处理能力和表格处理能力,能出色地表现版面设计思想,适于报纸、杂志、图书、宣传册和广告插页等各类出版物。

图 5.2.24

【案例5-5】 将图像变成椭圆形,如图5.2.25所示。

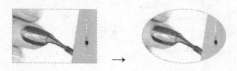

图 5.2.25

(五)矩形变换和隐边矩形

1. 矩形变换

(1)矩形分割

矩形分割可以将一个矩形平均分为几个大小相等的矩形。

注意:矩形分割只对矩形有效,选择其他图元时,"矩形分割"选项置灰。

具体操作步骤如下所示:

① 使用选取工具选中要分割的矩形,如图5.2.26(a)所示。

② 单击【美工】/【矩形变换】/【矩形分割】,弹出"矩形分割"对话框,如图5.2.27所示。

③ 按需要设置横向、纵向需要分割的矩形数量以及横纵矩形的间隔。

④ 单击"确定",即可设置完成。效果如图5.2.26(b)所示。

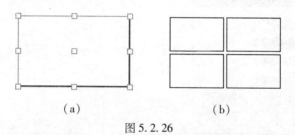

（a）　　　　　　　（b）

图 5.2.26

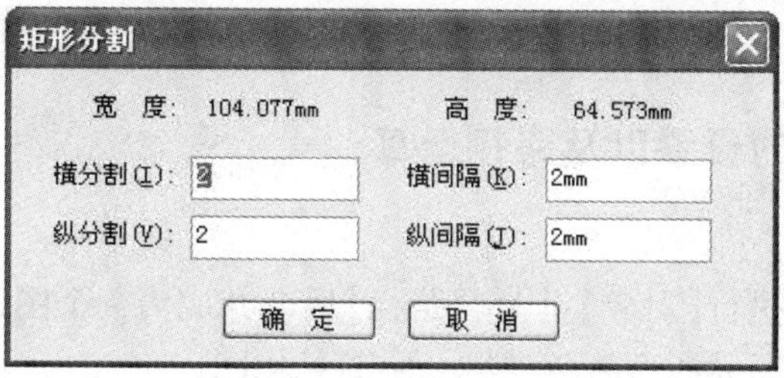

图 5.2.27

(2)矩形合并

矩形合并可以将几个任意大小的矩形合并成一个矩形。

具体操作步骤如下所示:

① 使用选取工具选中要合并的所有矩形,同时按住 Shift 键,如图5.2.28(a)所示。

② 单击【美工】/【矩形变换】/【矩形合并】即可完成合并,效果如图5.2.28(b)

所示。

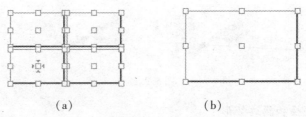

　　　　　　(a)　　　　　　　　　　(b)

图 5.2.28

2. 隐边矩形

隐边矩形的作用是不显示矩形的边框,该操作只对矩形有效。

具体操作步骤如下所示:

(1)用选取工具选中要隐边的矩形。

(2)单击【美工】/【隐边矩形】,弹出"隐边矩形"对话框,如图 5.2.29 所示。

(3)选择需要隐藏的边框。勾选"预览"可实时查看设置效果。如图 5.2.30 所示为隐藏"左边线"的效果。

(4)隐边矩形可以同时隐藏上边线、下边线、左边线和右边线。

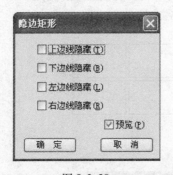

图 5.2.29

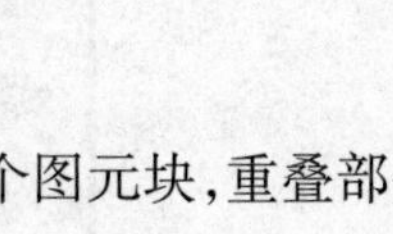

图 5.2.30

二、复合路径的设置以及路径运算

（一）复合路径

选中多个图元,执行【对象】/【复合路径】后合并成为一个图元块,重叠部分镂空,即被挖空,其他部分图元线型颜色与最上层图元相同。

镂空有两种类型:一种是奇层镂空,例如 3 个图元重叠部分镂空,也可以是 5 个、7 个、9 个图元重叠部分镂空;另一种是偶层镂空,例如 2 个图元重叠部分镂空,或 4 个、6 个、8 个图元重叠部分镂空。

【案例 5-6】 1. 在版面上分别画一个矩形图元、一个椭圆图元和一个菱形图元,并将三个图元部分重叠起来。

2. 给矩形图元底纹设置为黑,椭圆底纹设置成品,菱形底纹设置成青,如图 5.2.31(a)所示。

3. 按住 Shift 键,同时选中三个图元,单击【对象】/【复合路径】/【奇层镂空】,得到如图 5.2.31(b)所示的图元合并块。合并后的图元块底纹为合并前最上层的菱形图元的底纹,即青色底纹。

4. 若选中三个图元后,单击【对象】/【复合路径】/【偶层镂空】,则会得到如图 5.2.31(c)所示的图元合并块。合并后的图元块底纹为合并前最上层的菱形图元的底纹,即青色底纹。

5. 选中合并后的图元块,单击【对象】/【复合路径】/【取消】,即可将合并块分离。分离后的块保持原形状,但所有块的底纹属性仍然取合并时最上层图元的底纹属性,如图 5.2.31(d)所示。

【小贴示】
　　合并后的区域可以用穿透工具选中,进行局部调整。

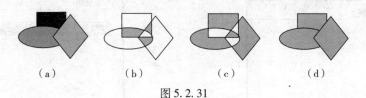

(a)　　　　　(b)　　　　　(c)　　　　　(d)

图 5.2.31

(二)路径运算

选中多个图元,执行图元的路径运算,即可得到另一个图元。路径运算也适用于图元与图像的运算。

具体操作步骤如下所示:

1. 选中几个图元。

2. 单击【对象】/【路径运算】,即可在二级菜单里选择运算类型,包括并集、差集、交集、求补和反向差集,效果如图 5.2.32 所示。

原图　　　　并集　　　　差集　　交集　　　求补　　反向差集

图 5.2.32

【小贴示】
　　● 原来的几个图元运算后形成一个独立的图元,最终图元的属性在做并集、交集、求补或反向差集时取上层图元的属性,在做差集运算时取下层图元属性,与选中先后顺序无关。
　　● 没有重叠的图元块不可以进行并集运算,图元块和图像块都可以进行差集运算。

三、素材库的应用

飞腾创艺提供了素材库的应用。一方面可以将版面上拍好的一系列对象统一保存起来，供以后调用；另一方面，素材库中自带了一部分素材，可以根据需要自行调用，使得排版设计更加方便。

（一）新建素材库

将排好的对象保存起来，需要新建一个素材库来保存文件。保存后，可以随时打开素材库，将保存的文件拖到版面上直接使用。

具体操作步骤如下所示：

1. 单击【窗口】/【素材库】，弹出"素材库"浮动窗口，如图5.2.33所示。
2. 点击"新建素材库"按钮，新建一个素材库，如图5.2.34所示。

图5.2.33

图5.2.34

3. 将排好的内容按Shift键全选中，单击右键"成组"，将成块的素材拖入到素材库内，弹出"素材命名"对话框，如图5.2.35所示。此时可以更改素材名称，填写助记符和备注。

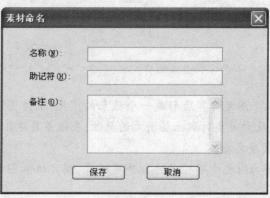

图5.2.35

4. 单击"保存",素材名会出现在版面内,如图 5.2.36 所示。

图 5.2.36

5. 单击"保存素材库"按钮,弹出"保存素材库"对话框,此时可以更改文件名,如图 5.2.37 所示。

6. 单击"保存"按钮,即完成素材库的保存。

7. 需要调用的时候,直接将素材拖到版面中即可。

图 5.2.37

(二)应用素材库

具体操作步骤如下所示：

1. 单击"素材库"浮动窗口的"打开素材库"按钮，弹出"打开"对话框，如图 5.2.38 所示。

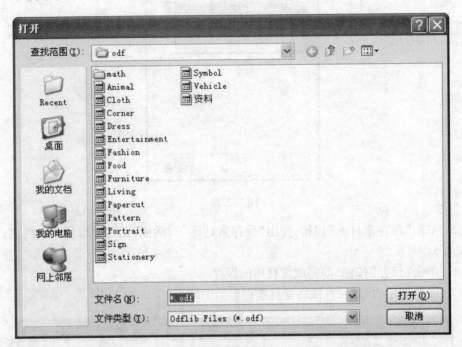

图 5.2.38

2. 选择目标文件，单击"打开"按钮即可打开素材库，显示库中的对象。重复上述操作可以打开多个素材库，如图 5.2.39 所示。

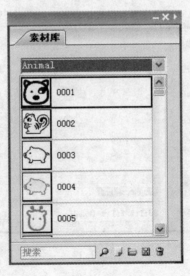

图 5.2.39

3. 选择素材,拖到版面,即可应用素材。

4. 单击"素材库"浮动窗口的三角按钮,即可弹出下拉菜单(如图5.2.40所示),此时可以对素材库进行编辑和设置。

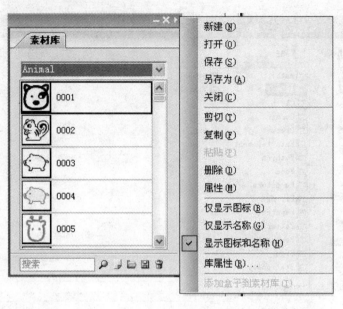

图 5.2.40

四、图形中排入文字

为了增加排版的创意设计感,飞腾创艺可以在任意的图形中排入文字。图5.2.41为在一个猫脸形状的图形中排入文字。

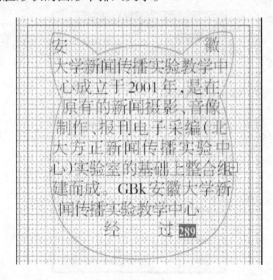

图 5.2.41

具体操作步骤如下所示：

① 单击【窗口】/【素材库】，单击 ，弹出"打开"对话框。在"查找范围"下拉列表中任意找一个文件,如图5.2.42所示。

图5.2.42

② 单击"打开"按钮,弹出"素材库",选择所需猫脸图形,如图5.2.43所示。

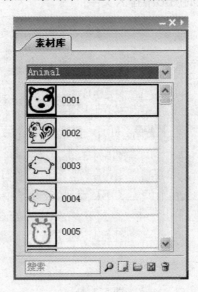

图5.2.43

③ 将图形拖入版面内,点击鼠标右键选择"解组",将不需要的部分删除,只保留外围猫脸形状,如图5.2.44(a)所示。然后选中图形,单击右键"底纹",选择"0"号底纹,即可去掉白色底纹,如图5.2.44(b)所示:

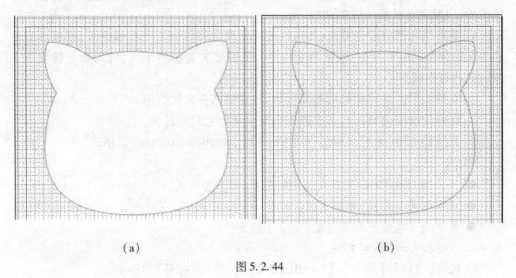

（a）　　　　　　　　　　　　　　　　　　（b）

图5.2.44

④ 单击▣,选择要排入的文字内容,点击"打开",此时鼠标指针变为▤。单击选中的图形内部,即可将文字排入图形内。

注意:以上是从"素材库"调用的图元,当然也可以自己画一个,或者点击工具箱中○画一个矩形或者椭圆图元,读者可视需要而定。关于图元的详细介绍,参见第五章"图形处理"。

【小贴示】
● 除了排入文字的方法,还可以直接录入文字。此时点击"文字"工具,按住 Ctrl+Alt 键,然后点击图元块内部区域,就可以把图元变成一个可以录入文字的排版区域。
● 图形排入文字后,仍然保留图形的属性,可以像普通图形一样进行变形、铺底纹、设置花边线型等操作。也可以像普通文字块一样进行分栏、对位排版等操作。

五、排入 CorelDraw 文件

（一）飞腾创艺5.3 支持的 CorelDraw 文件特征

飞腾创艺支持排入 CorelDraw 的 cmx 文件,能够支持 CorelDraw 的图形效果。

1. 支持对象间的层次关系。

2. 支持 CMYK 模式、RGB 模式和灰度模式的图形,不支持其他颜色空间转换。

3. 支持矩形、椭圆、多边形、螺纹、图纸、箭头形状、流程图形状、星形形状和标注形状等图形。

4. 支持手绘工具、贝塞尔工具、钢笔工具、折线工具、点曲线工具生成的比较复杂的图形，以及文本转换生成的曲线。

5. 支持填充部分渐变效果：如线性渐变转换为飞腾创艺的线性渐变；射线渐变转换为飞腾创艺的圆形渐变；圆锥渐变转换为飞腾创艺的锥形渐变；方角渐变转换为飞腾创艺的方形渐变。

6. 支持图形的旋转和错切的角度数值，变倍的百分比数值。

7. 支持轮廓的尖圆折角和平圆方头与飞腾创艺对应转换。

8. 支持 CorelDraw 输出或另存为 Corel Presentation Exchange 的格式。

注意：

● 不支持 CorelDraw 正常模式外的透明、阴影和位图。

● 文本转换为曲线，才能支持。

● 所有交互式操作都要打散，然后才能支持。

（二）排入 CorelDraw 文件

1. 选择【文件】/【排入】/【CorelDraw 文件】，弹出"打开"对话框。

2. 选择目标文件，单击"打开"。

3. 在版面上单击，即可灌入图形。

【本章小结】

本章主要讲解图形的处理，介绍了各种绘图工具，同时介绍了对图形的基本设置。这些图形设置和美化效果在编辑报纸、杂志和海报时会经常遇到，掌握本章内容将会使图形的表现力更强，视觉冲击力也更强。

第六章　图像处理

【预备知识】

　　图像是报刊版面设计中不可缺少也是相当重要的内容,图像的选择和处理影响到整个版面的视觉效果。方正飞腾创艺 5.3 在图像设计方面的操作非常丰富,本章将介绍图像的裁剪、缩放、镜像、阴影、羽化等多方面的功能,为版面编辑与设计增添更加绚丽多彩的效果。

第一节　图像的排入与设置

一、图像的排入

　　点击【文件】/【排入】/【图像】或者单击"排入图像"按钮 ，弹出"排入图像"对话框(如图 6.1.1 所示),然后选择需要排入的图像即可。排入图像时一次可以排入单个图像,也可以排入多个图像,只需按住 Ctrl 键选中需要排入的图像即可。

图 6.1.1

"排入图像"对话框可以帮助在排入图像之前了解图像信息。点击"排入图像"对话框中的"检查图像信息",弹出"图像信息显示"对话框(如图6.1.2所示),了解图像的基本信息。

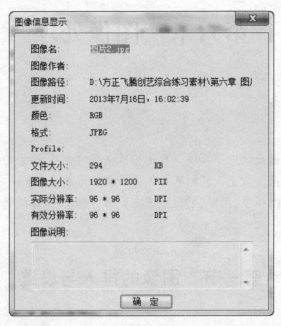

图 6.1.2

【小贴示】

① 图像格式要求:方正飞腾创艺 5.3 支持的图像文件,包括 ESP、PSD、TIF、BMP、JPG、GIF、PDF。

② 图像颜色模式要求:

● CMYK 模式和 RGB 模式:RGB 模式的图像主要用于屏幕显示,如果用于印刷,排入的图像颜色模式必须是 CMYK 模式。

● 灰度模式与位图模式:如果图像用于非彩色印刷而需要细致地呈现图片的色调,一般选用灰度模式;如果图片不需要表现色调的层次,可以选用位图模式。

二、图像的基本设置

(一)图像精细显示

图像在排入后,根据操作要求,设置图像的显示精度。一般情况下,都设定为"精细"。选择一幅或者多幅图像,点击【显示】/【图像显示精度】,选择需要的精度即可,包括粗略、一般和精细三种,如图6.1.3所示。

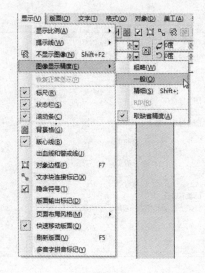

图 6.1.3

【小贴示】
　　在排入图像之前可以提前定义图像导入后的显示精度,选择【文件】/【工作环境设置】/【偏好设置】/【图像】(如图 6.1.4 所示),弹出"偏好设置"对话框,如图 6.1.5 所示。

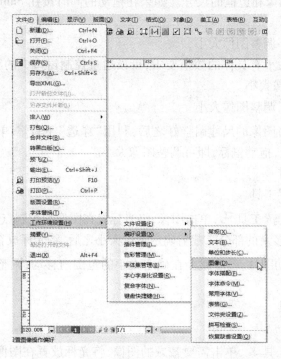

图 6.1.4

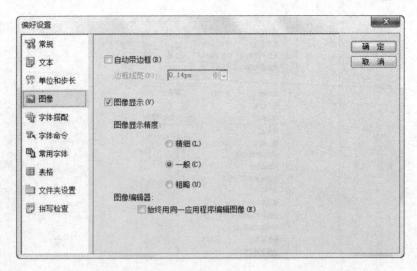

图 6.1.5

在"偏好设置"对话框中,选择图像显示精度即可。设置之后,导入图像将默认该显示精度。

(二)图像大小调整

1. "选取工具"调整图像大小

排入图像后,要根据需要调整图像的大小。单击图像,会出现图像控制点,拖动控制点就可以调节图像和边框的尺寸。如果在拖动的同时按住 Shift 键,可以等比例缩放图像。

2. "控制窗口"调整图像大小

如果对图像大小有具体的数值要求,可以通过控制窗口中的 来调节图像的长宽,精确控制图像大小。

3. "穿透工具"调整图像大小

利用"选取"将图像的尺寸调整好之后,利用"穿透"工具 ,单击图像,将光标放在图像的控制点上,拖动鼠标,即可调整图像大小。

(三)图像裁剪

1. "图像裁剪"工具

利用"图像裁剪"工具 ,单击图像,将光标放在图像的控制点上,拖动鼠标,控制图像大小,裁剪掉多余的部分。裁剪确定图像大小之后,将光标放在图像上,光标变成 。此时可以拖动图片,图片就会在确定大小的范围内移动,调整显示区域,选择需要的图片区域即可。

2. "剪刀"工具

(1)切割图像

选择"剪刀"工具 ,单击需要裁减的图像,将光标放置在图像的边界之外,按住鼠标左键不放拖动鼠标,在图像上绘制出裁剪路径,绘制之后松开鼠标,即可沿着裁剪路径切割图像,如图 6.1.6 所示。

图 6.1.6

　　裁剪后,图片被分为两个部分,利用"选取"工具拖动右边的部分,图像将被移开,呈现出切割的效果,如图 6.1.7 所示。

图 6.1.7

【小贴示】
　　利用"剪刀"工具裁剪图像时,按住 Ctrl 键同时拖动鼠标绘制裁剪路径,可以沿垂直或水平方向切割图像;按住 Shift 键同时拖动鼠标绘制裁剪路径,可以沿直线切割图像。

（2）断点裁剪

选择"剪刀"工具，在图像的一条边框上单击设置一个断点（如图 6.1.8 所示），然后在图像的第二条边框上单击设置第二个断点，系统会自动在两个断点之间设置切割路径来切割图像，如图 6.1.9 所示。

图 6.1.8

图 6.1.9

（3）抠图

选择"剪刀"工具，在图像中沿着需要抠出的图像内容绘制一个封闭的区域（如图6.1.10 所示），就可以将该封闭区域内的图像从整个图像中抠出，如图 6.1.11 所示。

图 6.1.10

图 6.1.11

（4）"剪刀"工具设置

双击"剪刀"工具，出现"剪刀"工具对话框（如图 6.1.12 所示），在此对话框中可以设置"剪刀"工具的精度。精度越高，节点越多，剪刀裁剪的路径越光滑。

图 6.1.12

（四）图像旋转与变倍

点击"旋转与变倍"工具 ，单击需要调整的图像，当图像边框周围出现黑色小方块控制点时，可以对图像进行变倍处理，如图 6.1.13 所示。

图 6.1.13

点击"旋转与变倍"工具 ，双击需要调整的图像，当图像周围出现带有箭头的控制点时，可以通过移动控制点，旋转图像，如图 6.1.14 所示。

图 6.1.14

通过移动图片中央的圆圈可以调整图片旋转的中心点，该中心点可以根据需要进行移动。图片四个角上的旋转箭头表示图片保持原有形状，沿中心点旋转；图片四条边上的旋转箭头表示图片角度不变，沿中心点改变形状。

除了通过"旋转与变倍"工具进行操作之外，控制窗口上的 也可以对图像的旋转与变倍进行调整。

注意：控制窗口上的"旋转"是沿着图像左上角的点为中心旋转的；"变形"是沿着图像的上边框进行变形的。

（五）图像勾边

除了用剪刀工具之外，如果图像中的背景颜色比较单一，图像主体较为明显的话，可以用"图像勾边"的方式进行抠图。

选中需要勾边的图像，单击【美工】/【图像勾边】，出现"图像勾边"对话框，勾选"图像勾边"（如图6.1.15所示），激活其他选项，保持默认值，单击"预览"查看图像勾边效果。一般情况下，系统会根据图像的实际情况，自动设置最佳临界点。如果对系统设置后的勾边效果不满意，可以手动调节"临界值"和"容忍度"，如图6.1.16所示。

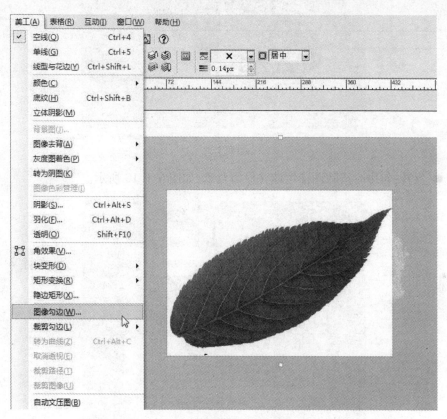

图 6.1.15

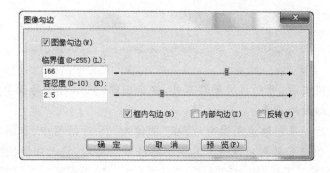

图 6.1.16

● 内部勾边:勾边时清除图像内部与背景相似的颜色,如图6.1.17所示。

图6.1.17

● 反转:勾边时清除图像主体并保留背景,如图6.1.18所示。

图6.1.18

【小贴示】
　　图像勾边之后,可以利用穿透工具,单击图像,显示勾边路径节点,从而对路径进行更细致地调整。
　　勾边之后如果想取消图像勾边,在"图像勾边"对话框中,取消勾选"图像勾边"即可,但是如果利用穿透工具调整路径节点之后,将无法撤销图像勾边。

（六）图像去背

"图像去背"与"图像勾边"中"内部勾边"的效果基本相同，通过这一功能可以清除图像的背景。选中图像，点击【美工】/【图像去背】，如图 6.1.19 所示。

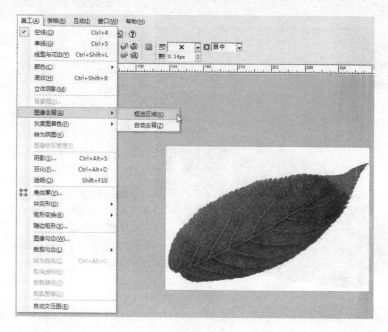

图 6.1.19

如果选择"自动去背"，稍等片刻后将自动清除图像背景；如果选择"框选区域"，将光标移动至图像上，光标呈现 ✛ 时，按住鼠标左键拖动选框选择图像去背的区域，然后在执行"自动去背"，这样的去背操作可以使去背效果更加精细。

【小贴示】
图像勾边之后，可以利用"穿透"工具，单击图像，显示勾边路径节点，从而对路径进行更细致地调整。

第二节　右键属性

选中图像，将鼠标放置在图像上单击鼠标右键，会显示一系列右键属性，如图 6.2.1 所示。笔者会选择一些比较重要的右键属性进行解释与说明。

● 层次：当一个文档中有多个文字块或者图像并且这些内容有重叠时，可以对这些内容进行层次上的调整，来保证显示的效果（如图 6.2.2 所示）。位于不同层次的内容将由下至上一层层被覆盖,位于最上层的图像将不会被覆盖。

图 6.2.1

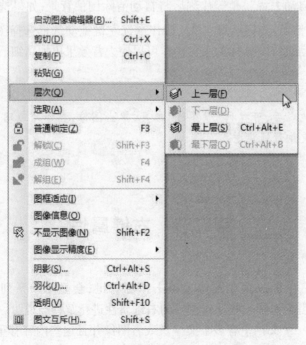

图 6.2.2

● 选取：当几个图像重叠在一起时，可以用"选取"功能选择位于相对应层次的图像，如图 6.2.3 所示。

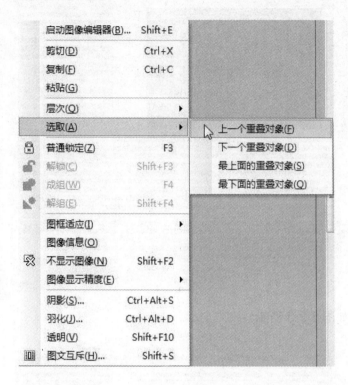

图 6.2.3

● 普通锁定：当图像选择"普通锁定"时，在图像的属性和位置设置好之后，将图像锁定，图像的位置和设置内容将不会发生改变，这样可以避免因错误操作而导致损失。设置"普通锁定"后，"解锁"也将被激活，如果发现图像设置需要改变，可以点击"解锁"继续对图像进行编辑。

● 成组：当利用 Shift 键同时选中几个对象时，选择右键属性中的"成组"，可以将对象进行合并。这个功能主要用于一个版面编辑好之后，将所有对象合并成为一个整体。当选择"成组"时，"解组"也将被激活，当版面需要调整时，点击"解组"，即可对版面中的各项内容进行修改和编辑。

● 图框适应：当图像的边框和图像的大小位置进行调整之后，这一功能可以调整图像与外边框的关系。

原图（如图 6.2.4 所示）：

图 6.2.4

图居中(如图 6.2.5 所示):

图 6.2.5

框适应图(如图 6.2.6 所示):

图 6.2.6

图框适应(如图 6.2.7 所示):

图 6.2.7

图按最小边适应(如图 6.2.8 所示):

图 6.2.8

【小贴示】

　　控制窗口中的▦▦也可以对图框适应进行设置。

　　● 不显示图像:不显示图像内容,但保留图像的边框范围,如图 6.2.9 所示。

　　● 阴影、羽化、透明:将在第三节中进行详细介绍。

　　● 图文互斥:在第四章段落处理中已有详细介绍。

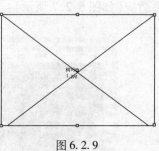

图 6.2.9

第三节　图像特殊效果设置

一、线型与花边

　　通过"线型与花边"功能,可以给图像添加边框和花边。选中图像,点击【美工】/【线型与花边】(如图 6.3.1 所示),出现"线型与花边"对话框,如图 6.3.2 所示。

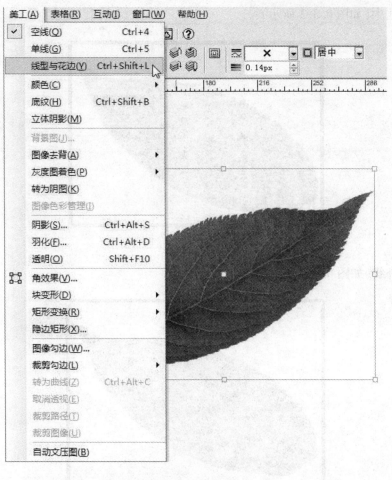

图 6.3.1

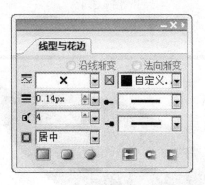

图 6.3.2

通过"线型与花边"对话框,可以对图像边框的"线型"、"线宽"、"线宽方向"、"颜色"、"尖角"、"圆角"、"折角"进行设置。需要说明的是,"线宽方向"指的是图像的外边框在绘制的边框中所处的位置。

● 居中(如图 6.3.3 所示)：

图 6.3.3

● 外线(如图 6.3.4 所示)：

图 6.3.4

● 内线(如图 6.3.5 所示)：

图 6.3.5

二、立体阴影

若想让图像看起来有立体的效果,可以为图像加上立体阴影。选中图像,点击【美工】/【立体阴影】(如图6.3.6所示),出现"立体阴影"对话框,如图6.3.7所示。在此对话框中可以对阴影的"立体效果"、"偏移"、"透视深度"、"颜色"和"底纹"进行设置。

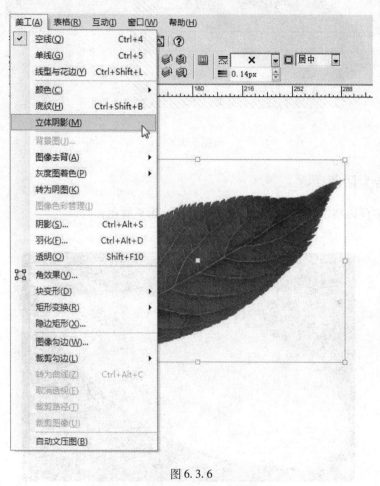

图6.3.6

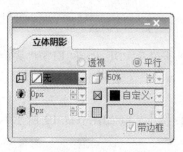

图6.3.7

设置效果如图 6.3.8 所示：

图 6.3.8

三、转为阴图

该功能可以将图片转化为胶片效果，如图 6.3.9 所示：

图 6.3.9

注意："转为阴图"不能作用于 PDF、PS 和 EPS 格式的图像。

四、阴影

选中图像，点击【美工】/【阴影】（如图 6.3.10 所示），出现"阴影"对话框，如图 6.3.11 所示。

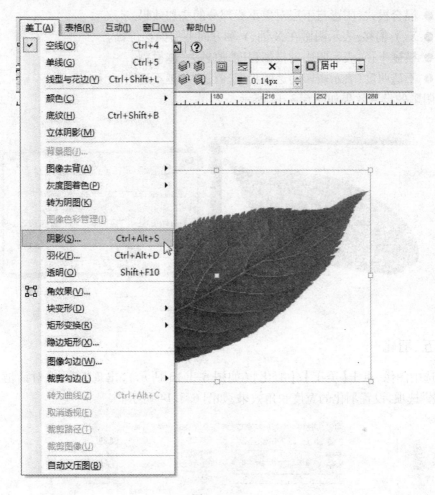

图 6.3.10

图 6.3.11

勾选"阴影"选项,对阴影进行设置。

- 混合模式:阴影与下层对象重叠部分的叠加效果。
- X、Y 偏移:表示阴影在 X 轴、Y 轴方向上的偏移位置。
- 模糊半径:表示阴影的模糊程度,值越大,越模糊。
- 不透明度:表示阴影的透明程度,值越大,越不透明。

阴影的设置效果如图 6.3.12 所示:

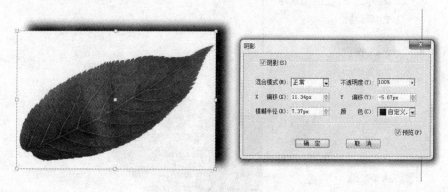

图 6.3.12

五、羽化

选中图像,点击【美工】/【羽化】(如图 6.3.13 所示),出现"羽化"对话框,勾选"羽化"选项,设置羽化的宽度和角效果,如图 6.3.14 所示。

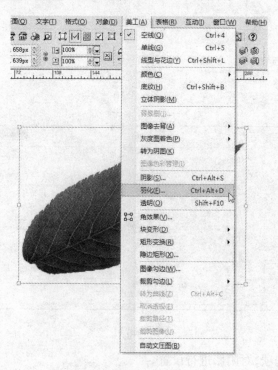

图 6.3.13

图 6.3.14

● 宽度：表示羽化的程度，值越大，图像的边缘越模糊。

● 角效果：表示羽化的方式，包括"扩散"、"圆角"两种类型。

扩散（如图 6.3.15 所示）：

图 6.3.15

圆角（如图 6.3.16 所示）：

图 6.3.16

六、透明

设置图像的透明度，选中图像，点击【美工】/【透明】（如图 6.3.17 所示），出现"透明"对话框（如图 6.3.18 所示），设置图像的"不透明度"、"混合模式"以及设置

"渐变透明"。

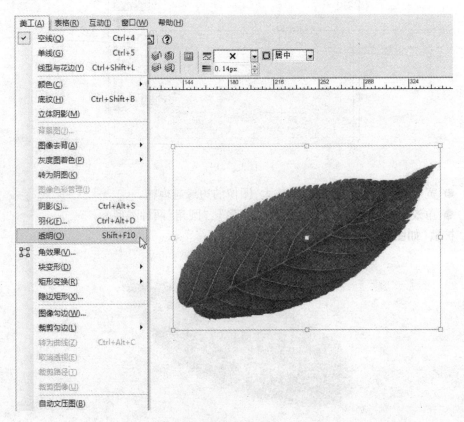

图 6.3.17

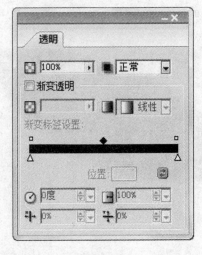

图 6.3.18

透明效果(正常),如图 6.3.19 所示:

图 6.3.19

透明效果(叠底),如图 6.3.20 所示:

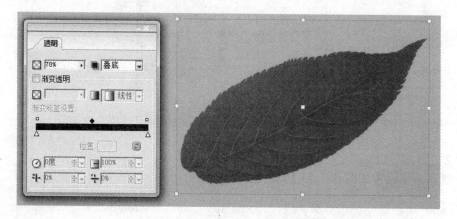

图 6.3.20

渐变透明,如图 6.3.21 所示:

图 6.3.21

【小贴示】
　"阴影"、"羽化"和"透明"效果都可以作用于文字、图形和图像当中。

七、角效果

设置图像或者文字的边框角效果,选中图像,点击【美工】/【角效果】,出现角效果对话框(如图 6.3.22 所示),对"角效果"的内容进行设置。

图 6.3.22

圆角效果设置如图 6.3.23 所示:

图 6.3.23

八、灰度图着色

排入一张灰度图,利用"选取"工具选中该灰度图,点击【美工】/【灰度图着色】(如图 6.3.24 所示)。在该菜单下,系统提供了逆灰度、红色、绿色、蓝色、黄色、青色、品色等多种颜色,当选择其中一种颜色时,图像将使用该颜色着色。

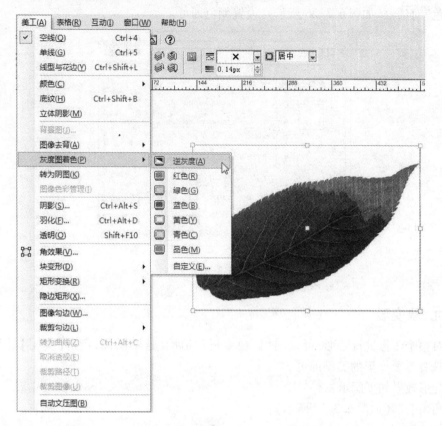

图 6.3.24

例如,树叶选择绿色后效果如图 6.3.25 所示:

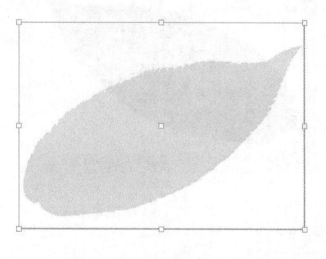

图 6.3.25

209

用户同时也可以自定义颜色,点击【美工】/【灰度图着色】/【自定义】,弹出"灰度图着色"对话框(如图 6.3.26 所示),设置颜色即可。

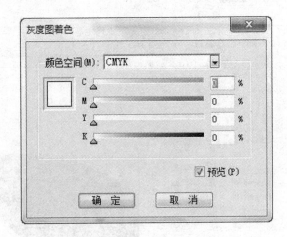

图 6.3.26

九、块变形

对整个图像进行变形,可以利用"块变形"功能。选中图像,点击【美工】/【块变形】,选择需要变形的类型即可。

变形效果如下所示:

圆角变形(如图 6.3.27 所示):

图 6.3.27

菱形变形(如图 6.3.28 所示):

图 6. 3. 28

十、自动文压图

当图像压在文字块上方时,选中文字块,点击【美工】/【自动文压图】,所有图像都被调整到文字块的下方。

十一、翻转与镜像

在版面设计中,往往某个图形或图像会出现很多次,但是却不是简单地复制,这时就需要用到飞腾创艺中的翻转与镜像。

选中图像,点击控制窗口中的翻转与镜像相关按钮,实现图像的翻转与镜像处理。

● 向右翻转:图像以右边框为中心线翻转,翻转后的图像与原图以原图的右边框为对称轴对称。翻转之后,原图不再显示。

● 向下翻转:图像以下边框为中心线翻转,翻转后的图像与原图以原图的下边框为对称轴对称。翻转之后,原图不再显示。

● 右边线镜像:图像以右边框为中心线进行镜像,镜像之后的图像与原图以原图的右边框为对称轴对称,如图 6.3.29 所示。镜像之后,原图依旧显示。

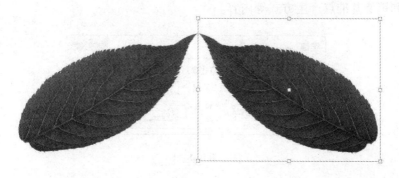

图 6. 3. 29

● 下边线镜像:图像以下边框为中心线进行镜像,镜像之后的图像与原图以原图的下边框为对称轴对称,如图 6.3.30 所示。镜像之后,原图依旧显示。

图 6.3.30

● 中心翻转:图像以中心点为中心线翻转,翻转后的图像与原图以原图的中心点为对称轴对称。翻转之后,原图不再显示。

● 中心镜像:图像以中心点为中心线进行镜像,镜像之后的图像与原图以原图的中心点为对称轴对称。镜像之后,原图依旧显示。

点击【对象】/【镜像】,在"镜像"对话框中(如图 6.3.31 所示),还可以设置镜像基准点和镜像基准点产生方式等内容。

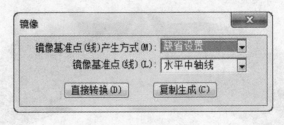

图 6.3.31

第四节　图像管理

点击【窗口】/【图像管理】,出现图像管理对话框(如图6.4.1所示)。通过"图像管理"对话框可以查看文档中图像的状态、编辑和更新排入的状况,如图6.4.2所示。

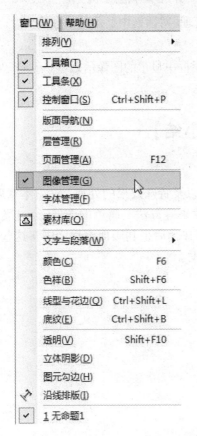

图6.4.1

图6.4.2

图像的状态有两种:正常和缺图。正常表示图像排入后没有被删除或者改变路径等;缺图表示源图像或者路径被移动、删除或者更改文件名,飞腾创艺无法找到源图像。

● 更新、全部更新 :表示当图像的原文件被修改后,在飞腾创艺中的"图像管理"对话框中修改过的图像,单击"更新",可以将修改后的结果更新到版面上;如果点击"全部更新",则会将所有做过修改的图像都进行更新。

● 激活 :在"图像管理"对话框中选中一个图像,点击"激活",页面就可以跳转到该图像,并选中图像。

● 重设 :当源图像被重命名时,"图像管理"对话框中将显示缺图。在"图像管理"对话框中选择该图像,点击"重设",打开"排入图像"对话框,选择重命名的图像,单击"打开",这时会弹出"重设图像"对话框。选择"按原图属性设定",图像将会按照本身的大小和属性排入;如果选择"按之前版内图像属性设置",图像将会按照之前设置的内容排入。

● 图像信息 :点击"图像信息"按钮,可以弹出"图像信息显示"对话框,通过该对话框可以了解图像的保存路径、颜色、大小、分辨率等信息。

● 另存 :单击该按钮,可以将"图像管理"对话框中显示的信息输出为.txt格式的文本文件。

● 打印 :可以打印出"图像管理"对话框中显示的图像信息。

【本章小结】

本章介绍了图像的导入、基本操作处理以及特殊效果的处理。学习本章后,读者应掌握图像的排入、裁剪、缩放、添加特殊效果等方法。简单的图像,经过飞腾创艺5.3处理之后,会有意想不到的效果。因此,在今后报刊版面编辑当中将这些操作方法灵活运用,对报刊版面的设计有一定的帮助。

第七章　表格的制作

【预备知识】

　　飞腾创艺 5.3 在表格制作方面拥有强大的功能,用户可以创建表格,同时对表格进行各种编辑,本章将介绍表格创建、编辑的各种方法。

第一节　表格的创建与编辑

一、创建表格

　　点击【表格】/【新建表格】,弹出"新建表格"对话框(如图 7.1.1 所示),在对话框中设置行数、列数、行高、列宽以及表格内文字的字体、字号,如图 7.1.2 所示。

图 7.1.1

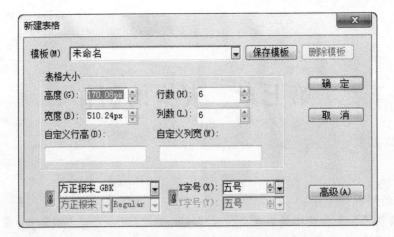

图 7.1.2

除了这些基本的设置,点击"新建表格"对话框中的"高级",对话框会展开更多内容,如图 7.1.3 所示。

图 7.1.3

● 表格的序:当表格设置多个分页时,用于设置各表格块之间的连接方向,包括正向横排序、正向竖排序、反向横排序、反向竖排序。

● 底纹:用于设置表格的底纹。

● 分页数:用于设置生成的具有连接关系的表格块数目(即创建分页表)。各表格块将处于同一页面内,并使用三角标记 表示连接关系。

● 颜色:用于设置表格的颜色。

● 表格框架:勾选"分页表边框使用内线"将激活"表格框架",单击"表格框架",将弹出"表格框架"对话框,从中可以选择系统提供的表格框架模板,如图 7.1.4 所示。

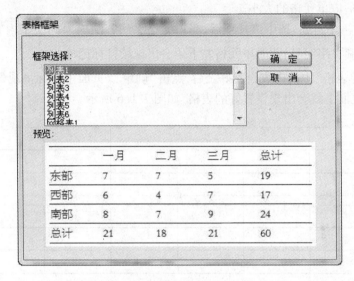

图 7.1.4

● 表格线型:单击"表格线型"将弹出"表格线型"对话框,从中可以设置表格边框线型,如图 7.1.5 所示。

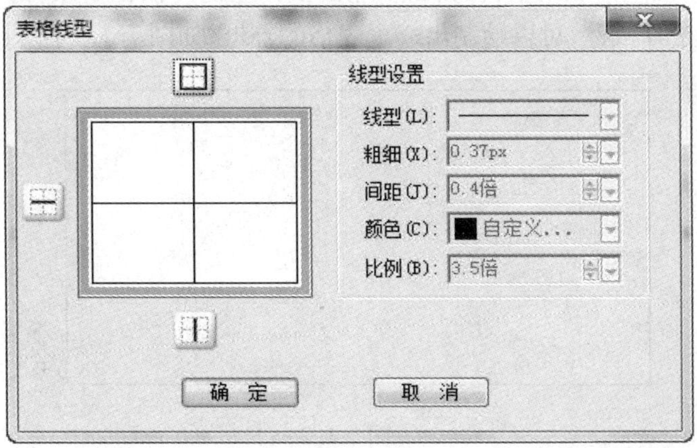

图 7.1.5

● 文字内空：用于设置单元格内文字与单元格边框之间的距离。

● 文字排版方向：用于设置单元格内文字的排版方向，包括正向横排、正向竖排、反向横排、反向竖排。

● 横向对齐：用于设置单元格内文字横向对齐方式，包括居左、居中、居右、撑满。

● 纵向对齐：用于设置单元格内文字纵向对齐方式，包括居上/右、居中、局下/左。

● 单元格自涨：选中该选项后，当单元格无法容纳输入的文字内容时，将自动调整单元格大小来容纳所有输入的文字。

● 文字自缩：选中该选项后，当单元格无法容纳输入的文字内容时，将自动缩小文字字号来适应单元格的大小。

● 不自涨不自缩：选中该选项后，当单元格无法容纳输入的文字内容时，将保持单元格大小和文字字号，此时单元格左下角会出现续排标记 ┼ 。

当"新建表格"中的内容设置好之后，点击"确定"，页面中鼠标呈现 形状，单击鼠标左键，页面上就会出现设置好的表格，如图7.1.6所示。

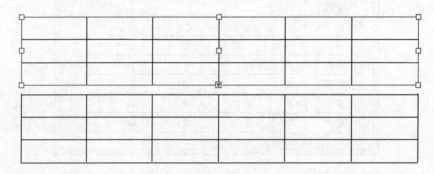

图 7.1.6

除了可以通过"新建表格"来创建表格外，还可以通过"表格画笔"工具绘制表格。

选择"表格画笔"工具 ，在页面中点击鼠标左键并按住不放，拖动鼠标左键，至合适大小之后松开鼠标，可以绘制出一个表格的外框，如图7.1.7所示。

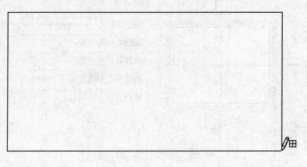

图 7.1.7

将鼠标移动至绘制好的表格外边框上,按住鼠标左键轻轻拖动,此时就会出现一条虚线的表格线,如图 7.1.8 所示。当虚线符合需要绘制的表格的要求时,松开鼠标左键,虚线表格线就会生成表格线,通过这样的方法绘制出表格的行和列,如图 7.1.9 所示。

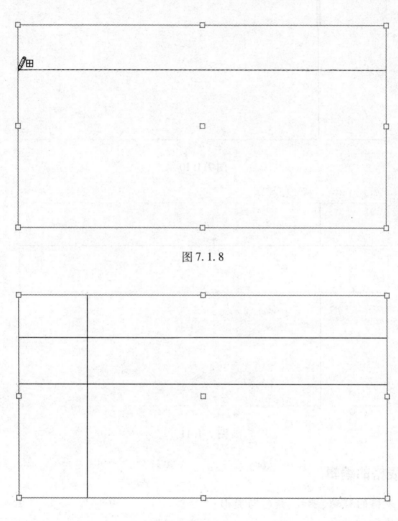

图 7.1.8

图 7.1.9

　　在绘制过程中,如果感觉绘制的表格不太满意,可以选择"表格橡皮擦"工具 (点击"画笔"工具并长按鼠标左键实现"画笔"工具和"表格橡皮擦"工具的切换)擦除不需要的表格线。
　　选择"表格橡皮擦"工具后,将光标移动至表格线上,按住鼠标左键,选择需要擦除的表格线,选中的表格线会加粗显示,如图 7.1.10 所示。如果选中的是需要擦除的表格线,松开鼠标左键,表格线将会被擦除,如图 7.1.11 所示。

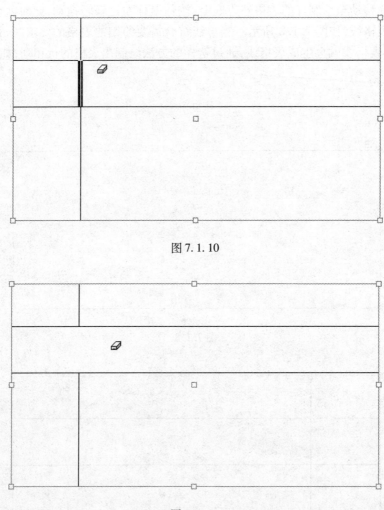

图 7. 1. 10

图 7. 1. 11

二、表格的编辑

（一）表格的移动、缩放、旋转与变形

1. 表格的移动

表格新建好之后,根据版面的具体情况需要调整表格的位置,移动表格位置的方法有两种。

（1）"选取"工具直接操作

利用"选取"工具选中需要操作的表格,选中之后,将光标移动至表格所在位置,光标会呈现✛的形状,此时单击并按住鼠标左键不放,拖动鼠标即可移动表格的位置。

（2）控制窗口操作

利用"选取"工具选中表格,此时控制窗口会出现 ，表示表格所在坐标的位置,通过改变 X 轴与 Y 轴的数值来确定表格的准确位置。

2. 表格的缩放

根据版面需要缩放表格的大小,方法主要有三种。

(1)"选取"工具直接拖动

利用"选取"工具点击选中表格,表格外边框周围会有八个控制点,直接点击控制点并拖动,便可以调整表格的大小,如图 7.1.12 所示。

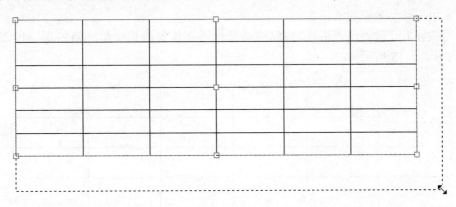

图 7.1.12

(2)控制窗口中的调整

选中需要调整的表格,控制菜单中会出现 ，表示表格的宽度和高度,通过调整两个数字来改变表格的大小。或者调整"单元格列宽"和"单元格行高" 来调整整个表格的大小,这两种方式适用于精确确定表格的大小。

在调节时,会发现在控制面板的最前端显示有"主/辅"两个面板 ，精确调整表格大小的位于控制窗口的主面板;当点击"辅"时,会出现 ，通过调整这两个数值也可以调整表格的大小。

(3)"旋转与变倍"工具调整

利用"旋转与变倍"工具,单击表格,表格外边框周围会出现控制点,通过拖动控制点调整表格的大小。

3. 表格的旋转与变形

表格的旋转与变形的操作方法主要有两种:

(1)"旋转与变倍"工具操作

利用"旋转与变倍"工具,双击表格,表格外边框周围会出现箭头形状的控制点。可以通过拉动四个角上的控制点来实现表格的旋转;也可以通过拉动四个边框上的控制点来实现表格的变形。

(2)控制窗口操作

利用"选取"工具选中表格,控制窗口"辅"面板中的"倾斜"与"旋转" 可以实现表格的变形与旋转。

三、表格线的调整

通过"新建表格"产生的表格每一行、每一列的高度、宽度都相同，根据实际情况，有时会出现表格内部单元格大小不同的情况，这时就需要通过调整表格线来实现。

点击"文字"工具，将光标移动至表格内部的表格线上，当光标呈现⬍或 ◀❚▐➤ 的状态时便可以移动表格线的位置。

当按住 Ctrl 键移动表格线时，仅移动光标所在位置的那个单元格的那一段表格线，如图 7. 1. 13 所示。

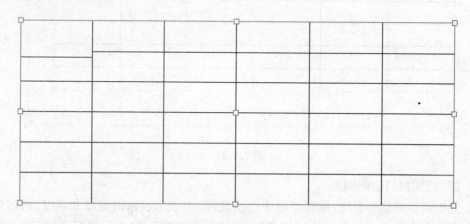

图 7. 1. 13

当按住 Shift 键移动表格线时，将移动光标所在那一行及右方或者下方所有的表格线，如图 7. 1. 14 所示。

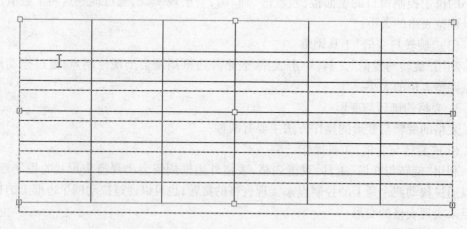

图 7. 1. 14

当按住 Shift+Ctrl 键移动表格线时，将移动光标所在位置那个单元格的那一段表格线以及该表格线以后所有的表格线，如图 7. 1. 15 所示。

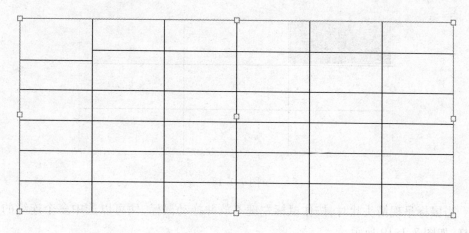

图 7.1.15

四、单元格的选取

选取单元格的方法有许多种,下面来具体介绍一下。

(一)"文字"工具选取

选择"文字"工具,将光标移动至表格的单元格附近,当光标呈现箭头状时,单击鼠标左键,即可选中光标所在的单元格,如图 7.1.16 ~ 7.1.18 所示。

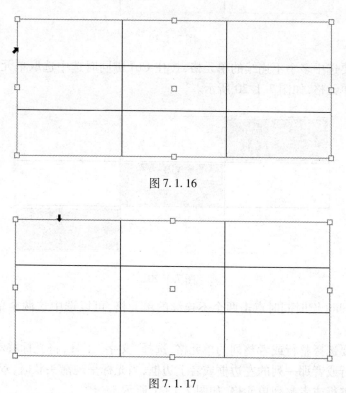

图 7.1.16

图 7.1.17

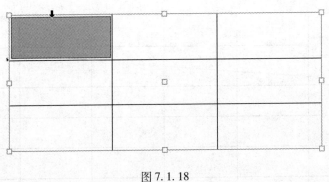

图 7.1.18

当鼠标呈现箭头状时,按住鼠标左键不放并拖动鼠标,便可以选中多个连续的单元格,如图 7.1.19 所示。

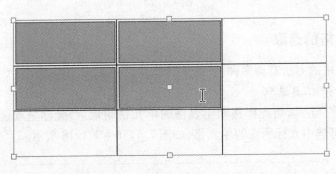

图 7.1.19

如果需要选中多个不连续的单元格,按住 Ctrl 键同时选中选取单元格,便可以选中不连续的单元格,如图 7.1.20 所示。

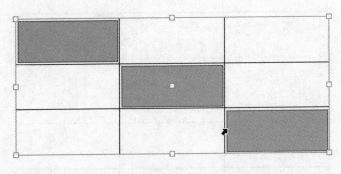

图 7.1.20

当按住 Shift 键时同时点击两个不连续的单元格,可以选中这两个单元格之间所有的单元格。

如果需要选择整行或者整列的单元格,选择"文字"工具,将光标移动至表格需要选中的那一行或者那一列的左边框或者上边框,当光标呈现箭头状时,双击鼠标左键,便可以选中整行或者整列单元格,如图 7.1.21 所示。

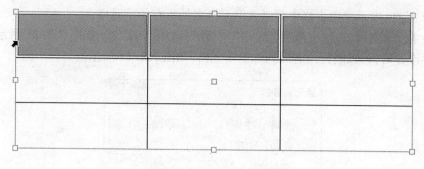

图 7.1.21

（二）"选中"菜单选取

利用"文字"工具选中一个或者多个单元格,点击【表格】/【选中】(如图 7.1.22 所示)。

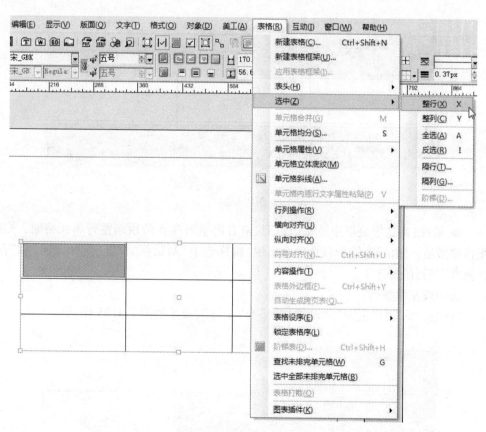

图 7.1.22

● 整行:表示选中单元格所在行的所有单元格。

● 整列:表示选中单元格所在列的所有单元格。

● 全选:表示选中表格中所有的单元格。

225

● 反选:表示选中表格中除所选单元格之外所有的单元格。

● 隔行/隔列:选择这两项会出现"隔行/列选中"对话框(如图7.1.23所示),根据需要设置后,可以隔行或者隔列选中单元格,如图7.1.24所示。

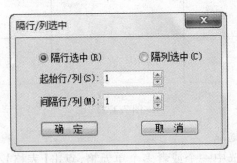

图7.1.23

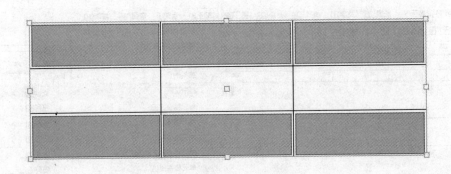

图7.1.24

● 阶梯:当选中表格中最左边整列、最右边整列或者最顶端整行单元格时,该选项将被激活。激活后,选择该选项会出现"阶梯选中"对话框,设置"阶梯方向"和"阶梯幅度"进行阶梯选中。

选中最左端整列:

"阶梯方向"为"正向","阶梯幅度"为"一行",效果如图7.1.25所示:

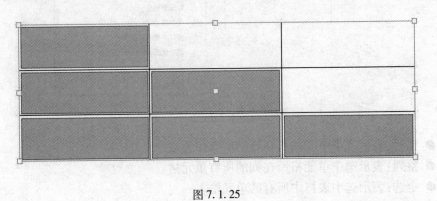

图7.1.25

"阶梯方向"为"正向","阶梯幅度"为"两行",效果如图 7.1.26 所示：

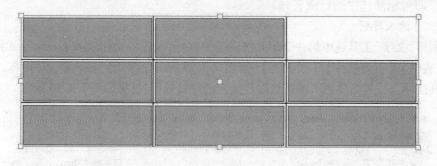

图 7.1.26

注意：只有在选中最顶端整行单元格时，"阶梯方向"中的"正向"才能被激活。

五、删除和插入行列

（一）删除行列

将光标放入需要删除的行或者列的单元格中，或者选中单元格，点击【表格】/【行列操作】/【删除行】或者【删除列】（如图 7.1.27 所示），即可删除单元格所在的行或者列。

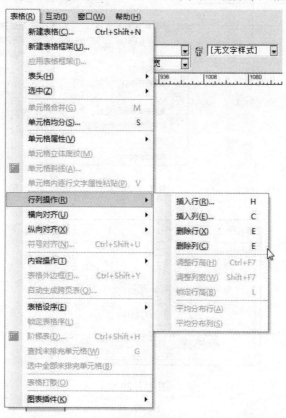

图 7.1.27

除了上述的方法,利用"文字"工具选中整行或者整列,点击控制窗口中的"删除行/列"即可删除选中的行或者列。

(二)插入行列

利用"文字"工具选中第一个单元格或选中整行,或者将光标放入第一个单元格中,点击【表格】/【行列操作】/【插入行】(如图 7.1.28 所示),弹出"插入行"对话框,如图7.1.29 所示。设置需要插入的行数以及插入的位置即可,结果如图 7.1.30 所示。

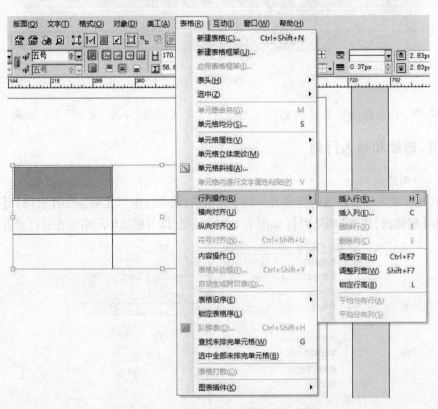

图 7.1.28

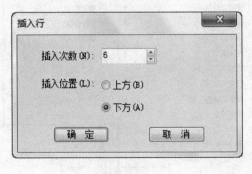

图 7.1.29

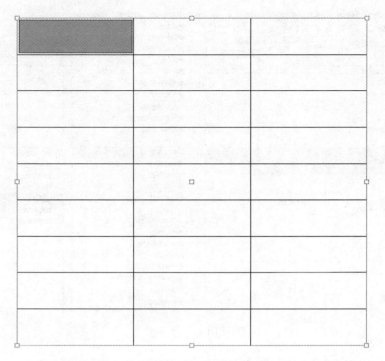

图 7.1.30

插入列的方法与插入行的方法相同,选中单元格之后,点击【表格】/【行列操作】/【插入列】,在"插入列"对话框中设置即可。

除了利用"行列操作"的方法添加行列之外,还可以利用控制窗口中的"插入行/列"在选中的行的下方或者列的右方插入一行或者一列。

六、调整行高和列宽

在表格的缩放中已经介绍了如何通过调整控制窗口的"单元格行高"、"单元格列宽"以精确设置行高列宽,另外还可以输入文字,通过表格适应文字大小来调整行高列宽。

选择"文字"工具,在单元格中输入文字,设置好文字的字体和字号之后,选中需要调整行或者列中的单元格或者整行、整列,点击【表格】/【行列操作】/【调整行高】或者【调整列宽】(如图 7.1.31 所示)。表格选中的那一行或者列将根据文字的大小调整行高和列宽,以适应单元格内的文字,如图 7.1.32 所示。

除此之外,也可以利用控制窗口中的使单元格适应文字来调整行高和列宽。

当行高设置好之后,点击【表格】/【行列操作】/【锁定行高】(如图 7.1.33 所示),或者点击控制窗口中的"锁定行高",即可将行高锁定。锁定后的行高将不能被修改,再次点击即可解锁。

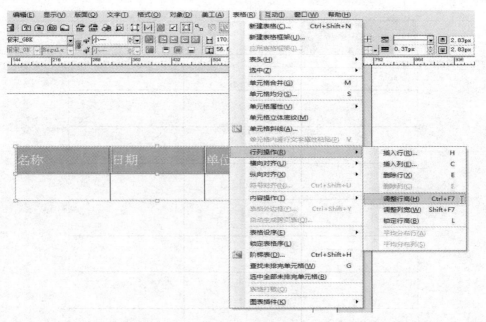

图 7. 1. 31

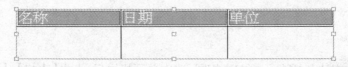

图 7. 1. 32

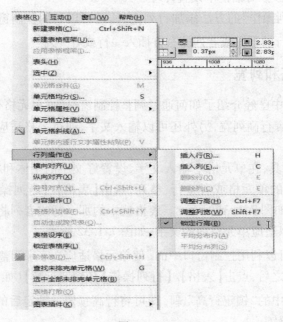

图 7. 1. 33

表格的制作　第七章

230

七、合并、拆分单元格

(一)合并单元格

利用"文字"工具选中需要合并的单元格,点击【表格】/【单元格合并】(如图
7.1.34 所示)或者点击控制窗口的"合并单元格" ⊞ 即可,效果如图 7.1.35 所示。

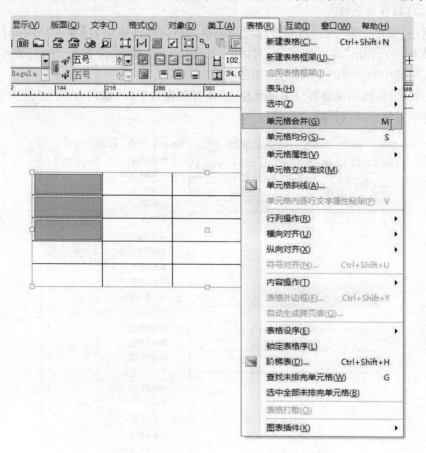

图 7.1.34

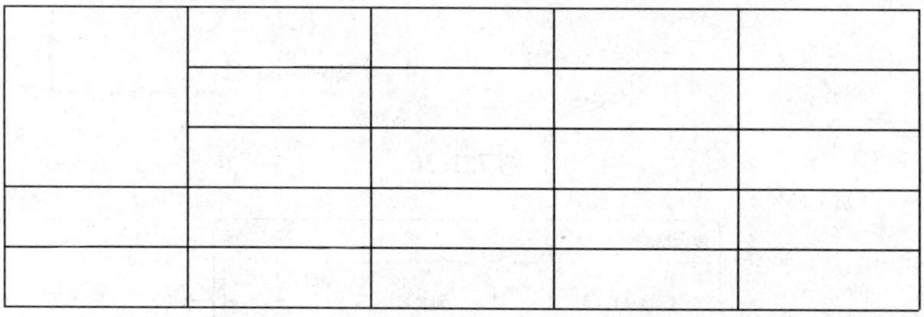

图 7.1.35

【小贴示】

如果表格中有很多单元格需要合并,可以同时选择需要合并的所有单元格,然后点击"合并单元格",这些单元格将分别实现合并。

(二)拆分单元格

利用"文字工具"选择需要进行均分的单元格,点击【表格】/【单元格均分】(如图7.1.36 所示),弹出"单元格均分"对话框,如图 7.1.37 所示,设置拆分的行数和列数,即可实现选中单元格的平均拆分,如图 7.1.38 所示。

除此之外,选中需要拆分的单元格,点击控制窗口中的"横向分裂"、"纵向分裂",可以将单元格分成两行或者两列。

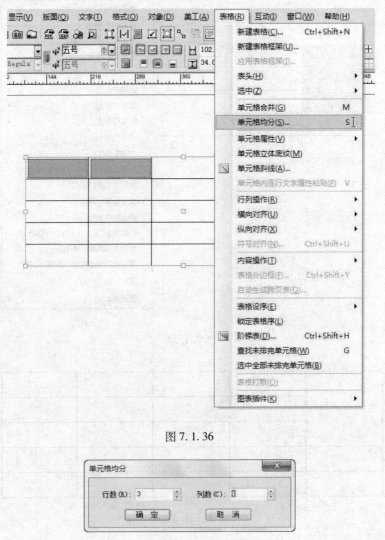

图 7.1.36

图 7.1.37

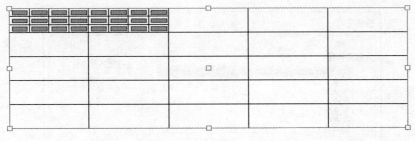

图 7.1.38

八、表格框架

表格的类型多种多样,设计起来各不相同,飞腾创艺 5.3 为用户提供了许多种类的表格框架模板,可以直接利用模板完成表格样式、线框、文字属性等内容的设置。

利用"选取"工具选中新建好的表格,点击【表格】/【应用表格框架】(如图 7.1.39所示),出现"表格框架"对话框(如图 7.1.40 所示),在"框架选择"中选择合适的框架模板,点击"确定"即可应用到表格当中。

表格(R)	互动(I)	窗口(W)	帮助(H)
新建表格(C)...		Ctrl+Shift+N	
新建表格框架(U)...			
应用表格框架(I)...			
表头(H)		▶	
选中(Z)		▶	
单元格合并(G)		M	
单元格均分(S)...		S	
单元格属性(V)		▶	
单元格立体底纹(M)			
单元格斜线(A)...			
单元格内逐行文字属性粘贴(P)		V	
行列操作(R)		▶	
横向对齐(U)		▶	
纵向对齐(X)		▶	
符号对齐(N)...		Ctrl+Shift+U	
内容操作(T)		▶	
表格外边框(F)...		Ctrl+Shift+Y	
自动生成跨页表(Q)...			
表格设序(E)		▶	
锁定表格序(L)			
阶梯表(D)...		Ctrl+Shift+H	
查找未排完单元格(W)		G	
选中全部未排完单元格(B)			
表格打散(O)			
图表插件(K)		▶	

图 7.1.39

233

图 7.1.40

　　如果"表格框架"中的模板不能满足用户的需要,还可以通过"新建表格框架"来新建新的模板。

　　点击【表格】/【新建表格框架】,弹出"表格框架"对话框,如图 7.1.41 所示。

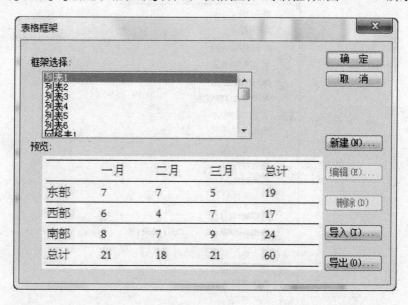

图 7.1.41

　　点击"表格框架"对话框中的"新建",出现"表格框架定义"对话框,在该对话框中可以对表格的样式、线框、表格内文字的属性进行设置,如图 7.1.42 所示。

　　新建之后,点击"确定","表格框架"对话框中将出现新建的表格框架模板,选中

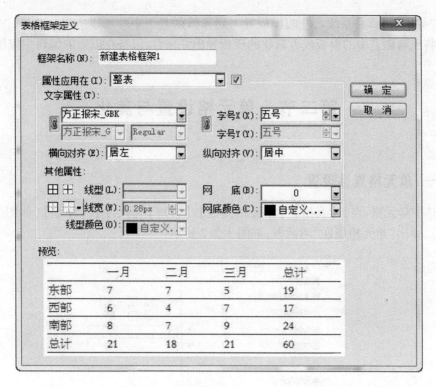

图 7.1.42

模板,点击"编辑"可以对模板进行修改,点击"删除"可以删除模板,如图 7.1.43
所示。

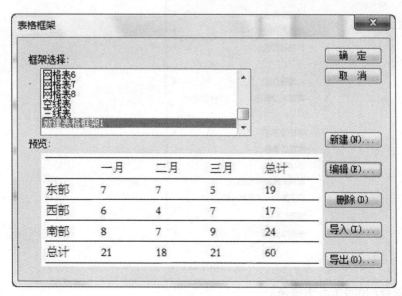

图 7.1.43

"导入"可以将系统之外的模板导入到飞腾创艺当中并加以应用。此外,"导出"可以将飞腾创艺中的模板或者新建的模板导出并保存,以备在以后的编辑中应用。

第二节　单元格设置与美化

一、单元格属性设置

选中单元格,点击【表格】/【单元格属性】/【常规】、【尺寸】、【线型】(如图7.2.1所示),弹出"单元格属性"对话框,如图7.2.2所示。

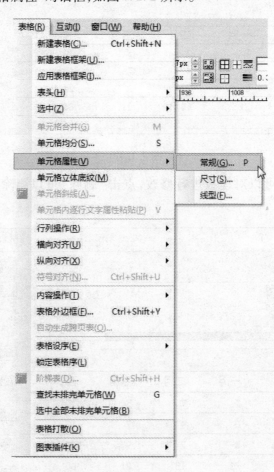

图 7.2.1

● 常规(如图7.2.2所示)
内容边空:表示表格中的文字与单元格外边框之间的距离。
底纹边空:表示单元格设置底纹之后底纹与单元格外边框之间的距离。

自涨自缩:该内容与"新建表格"中"自涨自缩"的内容相同。

不参加符号对齐:勾选该选项,表示设置"符号对齐"对该单元格不起作用。

灌文跳过:勾选该选项,表示当进行表格灌文时,将跳过该单元格,不进行灌文。

图 7.2.2

● 尺寸(如图 7.2.3 所示)

高度、宽度:表示设置单元格的高度和宽度。

指定:表示在"高度"和"宽度"编辑框中输入的数值为调整后的单元格绝对高度和宽度。

增加:表示在"高度"和"宽度"编辑框中输入的数值为在现有基础上增加的单元格高度和宽度。

减少:表示在"高度"和"宽度"编辑框中输入的数值为在现有基础上减少的单元格高度和宽度。

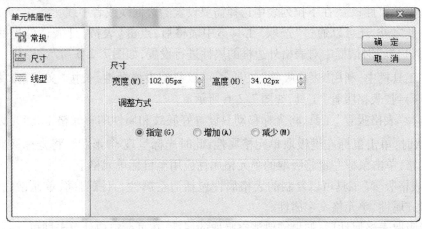

图 7.2.3

● 线型(如图7.2.4所示)

⊞:单击该图标可以取消单元格边框线设置状态。

⊡:单击该图标表示可以设置所选单元格或者整个表格的外边框线属性。单击该按钮后,系统自动选中表格或者单元格四条外边框线,并激活"线型设置"选项,便可以设置外边框线的线型、宽度、颜色等属性。

⊞:单击该图标可以设置所选单元格或者整个表格的内部线条属性。单击该按钮之后,系统自动选中水平中线和垂直中线按钮,在"线型设置"中可以对其进行属性设置。

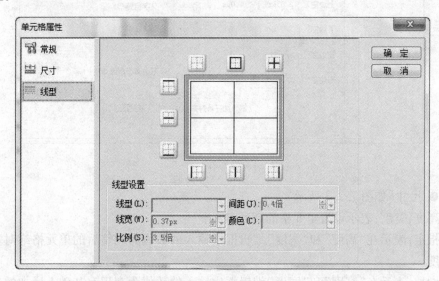

图7.2.4

还可以通过控制窗口对单元格属性进行设置。选中单元格,点击控制窗口中的⊞设置单元格的外边框线和中间线属性;⊞设置单元格内部线条的属性;⊡设置单元格外边框的属性;⊡·在下拉列表中选择需要设置的边框线或者中线。

除此之外,还可以通过"选取"工具选中表格后,点击【表格】/【表格外边框】,在"表格外边框"对话框中对表格外边框的属性进行设置,如图7.2.5所示。

在工具栏中,利用"表格吸管"工具⚲可以复制表格属性,长按"文字格式刷"工具可以得到"表格吸管"工具,如图7.2.6所示。

选择"表格吸管"工具,将光标移动只设置好底纹和属性的单元格上,当光标呈现⚲形状时,单击鼠标左键吸取单元格属性,此时光标呈现⚲形状。将光标移动至目标单元格,单击鼠标左键将吸取的单元格属性应用至目标单元格上。

"表格吸管"工具可以复制的表格属性包括边空属性、自涨自缩、单元格底纹、单元格对齐属性、单元格文字属性。

当吸取表格属性后,如果需要清空吸取的属性,在页面空白处单击即可。

图 7.2.5

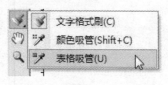

图 7.2.6

二、单元格斜线与表头的制作

(一)单元格斜线

利用"文字"工具选中需要添加斜线的单元格,点击【表格】/【单元格斜线】(如图 7.2.7 所示),弹出"单元格斜线"对话框,如图 7.2.8 所示。在对话框中选择需要的斜线样式,然后设置斜线的"线宽"和"颜色"即可,如图 7.2.9 所示。

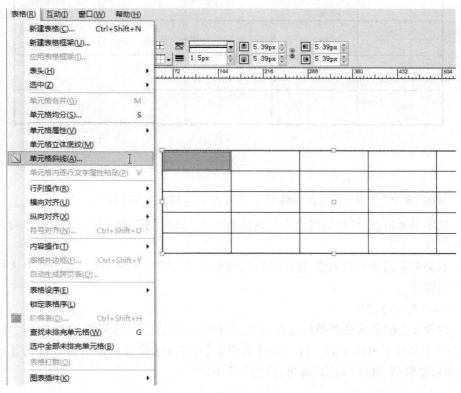

图 7.2.7

图 7.2.8

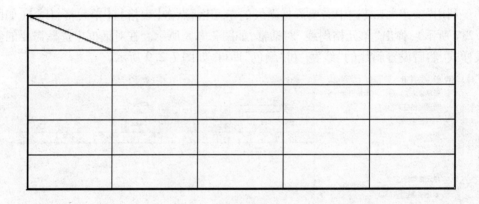

图 7.2.9

利用"文字"工具,即可在斜线的上方或者下方输入文字内容。

选中单元格,还可以通过点击控制面板中的"斜线"按钮 为单元格添加向右下方的斜线。

如果要取消单元格斜线,选中有斜线的单元格,在"单元格斜线"对话框中选择空白样式即可。

(二)表头的制作

设置表头时必须选择整行或者整列,否则表头设置将呈现灰色,无法操作。利用"文字"工具选中表格中的一行,点击【表格】/【表头】/【设置】,即可将该行设置为表头;如果要取消,选择"取消"即可,如图 7.2.10 所示。

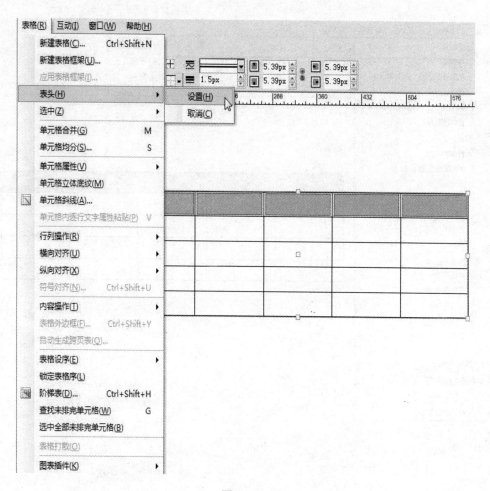

图 7.2.10

注意：表格的最后一行或者最后一列无法设置为表头。

三、单元格的颜色和底纹设置

单元格边框线的颜色设置有两种方法，除了在"单元格属性"中进行设置外，还可以选中需要设置边框颜色的单元格，然后点击【美工】/【颜色】选择需要的颜色即可。但是该方法设计起来比较粗放，如果表格的外边框线和表格中的线条颜色需要有所区别，建议使用"单元格属性"设置的方法。

单元格底纹的设置可利用"文字"工具选中需要设置底纹的单元格，点击【美工】/【底纹】（如图 7.2.11 所示），出现"底纹"对话框（如图 7.2.12 所示），选择需要的底纹以及颜色等内容即可，如图 7.2.13 所示。

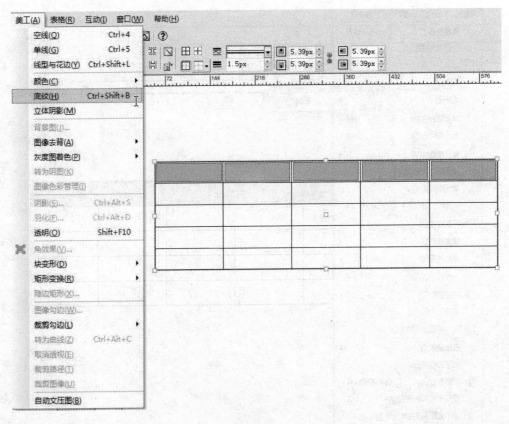

图 7. 2. 11

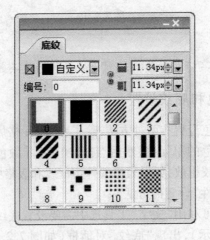

图 7. 2. 12

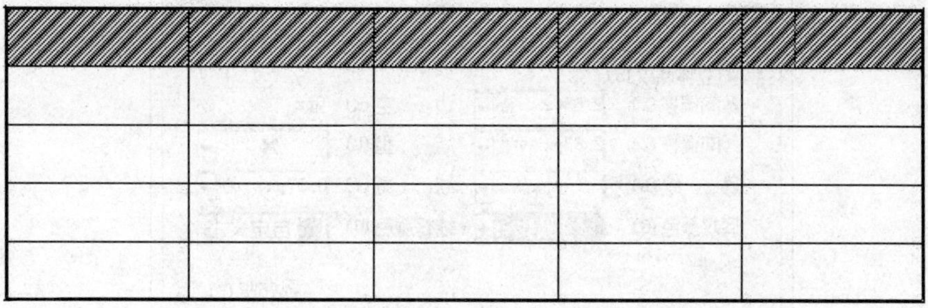

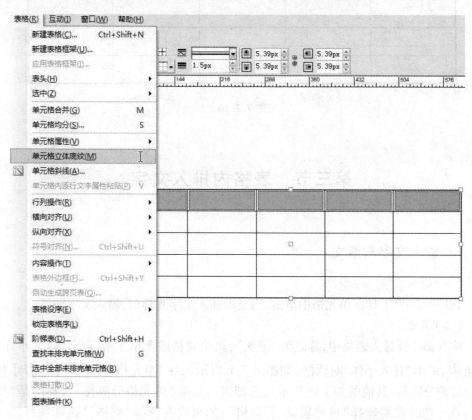

图 7.2.13

四、立体底纹

利用"文字"工具选中需要添加立体底纹的单元格,点击【表格】/【单元格立体底纹】(如图 7.2.14 所示),弹出"单元格立体底纹"对话框(如图 7.2.15 所示),勾选"立体底纹"激活设置选项,然后对立体底纹的样式进行设置即可,如图 7.2.16 所示。

图 7.2.14

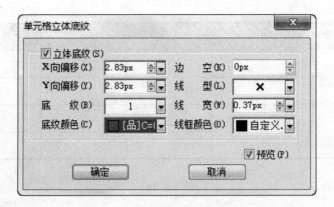

图 7.2.15

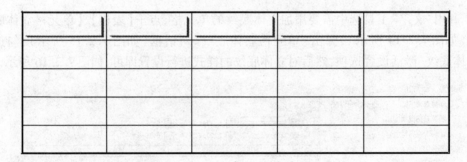

图 7.2.16

第三节　表格内排入文字

一、输入文字与灌文

(一)输入文字

利用"文字"工具在单元格中单击,当显示插入文字光标时,输入文字即可。

(二)灌文

将外部小样排入表格中,称之为"灌文",选中表格或者单元格,点击"排入小样"按钮 ,弹出"排入小样"对话框(如图 7.3.1 所示),在"单元格分隔符"中选择小样中设置的分隔符,其他的如下图所示勾选即可。如果"单元格分隔符"选择的是"空格",在勾选时需要选择"过渡段前/后空格";如果没有选择"空格",该选项可以不勾选。

图 7. 3. 1

"排入小样"设置好后,点击确定,将光标移动至表格上,当光标呈现 ▤ 形状,单击鼠标左键,小样中的内容将会按照表格中单元格顺序添加到每个单元格当中。

姓名	小知
性别	女
出生年月	2009年11月
地址	安徽大学新闻传

图 7. 3. 2

如果内容较多,单元格右下方会出现"续排标记",利用"文字"工具,或者点击【表格】/【查找未排完单元格】,找到未排完的单元格,通过文字工具调整单元格线,使文字全部排完即可。

注意:在排入小样之前,用户需要在小样编辑时每两个单元格的内容之间插入单元格分隔符,可以选择 TAB 键、空格、换行换段符、逗号等。选定分隔符之后,在"排入小样"对话框中,"单元格分隔符"下拉列表中就需要选择相应的分隔符。

二、单元格内文字编辑

(一)文字对齐方式

文字对齐方式的设置有三种方法可以选择。

1.【表格】菜单设置

选中单元格,点击【表格】/【横向对齐】,选择横向对齐方式,然后点击【表格】/【纵向对齐】,选择纵向对齐方式即可,如图7.3.3所示。

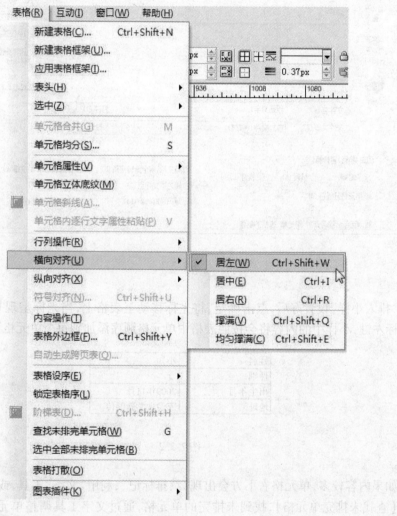

图7.3.3

2. 右键属性设置

选中单元格,单击鼠标右键,出现右键属性菜单,设置"横向对齐"和"纵向对齐"即可,如图7.3.4所示。

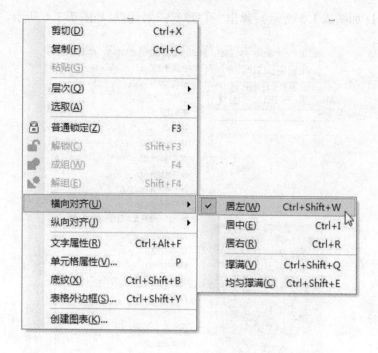

图 7.3.4

3. 控制窗口设置

选中单元格,在控制窗口中选择▣▣▣横向和纵向对齐方式即可。

(二)文字属性

单元格内文字属性与文字处理、段落处理中的文字属性操作一致,可以通过"文字属性"窗口或者"段落属性"窗口进行编辑。

(三)复制与粘贴

1. 复制单元格内的文字

复制单元格内的文字与文档中复制内容基本一致,利用"文字"工具选中单元格内的文字,右键复制,选中目标单元格,右键粘贴,便可以将文字复制到新的单元格内。

2. 复制整行或者整列单元格

利用"文字"工具选中整行或者整列,右键复制,将光标移动至目标单元格,右键粘贴,所复制的行将粘贴到该单元格下方,所复制的列将粘贴到该单元格右方。

3. 复制单元格内文字的属性

利用"文字"工具选中一个单元格,右键复制到剪贴板,利用文字工具选中目标单元格,点击【表格】/【单元格内逐行文字属性粘贴】,即可将原单元格中文字属性应用到目标单元格中的文字。

(四)符号对齐

"符号对齐"功能将表格内容以某个符号为参照物,设置对齐方式,该方法通常用来对齐表格中的数字或者小数点。利用"文字"工具选中整列单元格,点击【表格】/

【符号对齐】(如图7.3.5所示),弹出"符号对齐"对话框,如图7.3.6所示。

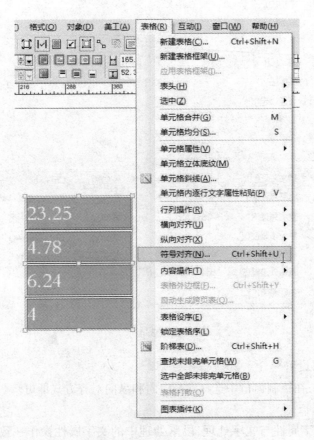

图7.3.5

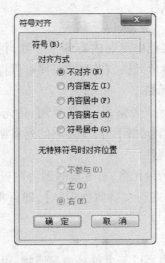

图7.3.6

● 对齐方式

不对齐：表示单元格中的数字保持原来的格式不变。

内容居左：表示单元格中符号左边字符最长的内容居左对齐，然后其他单元格中的符号与此单元格中的符号对齐，如图7.3.7所示。

内容居中：表示单元格中字符最长的内容居中对齐，然后其他单元格中的符号与此单元格中的符号对齐，如图7.3.8所示。

内容居右：表示单元格中符号右边字符最长的内容居右对齐，然后其他单元格中的符号与此单元格中的符号对齐，如图7.3.9所示。

符号居中：表示所有单元格中的符号都对齐到单元格的中线上，如图7.3.10所示。

图7.3.7   图7.3.8   图7.3.9   图7.3.10

● 无特殊符号时对齐方式

不参与：表示不参与符号对齐，保持原来的格式不变，如图7.3.11所示。

左：表示单元格内容的左侧和其他单元格中内容的符号对齐，如图7.3.12所示。

右：表示单元格内容的右侧和其他单元格中内容的符号对齐，如图7.3.13所示。

图7.3.11   图7.3.12   图7.3.13

第四节　表格的其他操作

一、分页表的制作

新建表格时在"高级"中可以创建分页表，如果在操作过程中，将一个创建好的表格设置为分页表，可以利用"选取"工具选中表格，将光标放置到表格下边框中间的控制点上,当光标呈现箭头形状时(如图7.4.1所示),按住 Shift 键,同时按住鼠标左键并向上拖动压缩表格,松开鼠标后,表格下边框将出现分页表的标志,如图7.4.2所示。

学生成绩表								
学年 / 学期 学号	第一学年		第二学年		第三学年		第四学年	
	上学期	下学期	上学期	下学期	上学期	下学期	上学期	下学期
1								
2								
3								
4								
5								
6								
备注 1 2								

图 7.4.1

学生成绩表								
学年 / 学 学号	第一学年		第二学年		第三学年		第四学年	
	上学期	下学期	上学期	下学期	上学期	下学期	上学期	下学期
1								
2								
3								
4								
5								
6								

图 7.4.2

利用"选取"工具点击续排标志,此时光标呈现 ▤ 形状,在页面空白处点击鼠标左键,或按住鼠标左键不放拖出一个矩形区域,即可生成横向分页表,生成的分页表自动带有表头。

利用"选取"工具选中表格,将光标移动至右边框中间的控制点,当光标呈现箭头形状时,按住 Shift 键,同时按住鼠标左键不放,向左拖动压缩表格,松开鼠标左键后,表格的边线出现续排标志,单击续排标志后,在页面空白处单击鼠标,即可生成竖向分页表,如图7.4.3所示。

注意:制作竖向分页表时,表格必须为移动过边线的表格时才能够生成竖向分页表。

如果要合并分页表,可利用"选取"工具,单击分页标记,按住 Shift 键,同时拖动鼠标,拖动至另一个分页表时,松开鼠标即可合并两个分页表。

学生成绩表								
学年 学	第一学年		第二学年		第三学年		第四学年	
姓号	上学期	下学期	上学期	下学期	上学期	下学期	上学期	下学期
1								
2								
3								
4								
5								

学生成绩表								
6								
备注	1							
	2							

图 7.4.3

二、阶梯表

利用"文字"工具选中表格的第一行、第一列或者最后一列的连续多个单元格,点击【表格】/【阶梯表】(如图 7.4.4 所示),弹出阶梯表对话框,如图 7.4.5 所示。

图 7.4.4

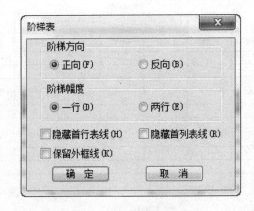

图 7.4.5

● "阶梯方向"、"阶梯幅度"与"阶梯选中"意义相同。
● 隐藏首行表线：表示阶梯表不显示首行表线。
● 隐藏首列表线：表示阶梯表不显示首列表线。
● 保留外框线：表示生成阶梯表后保留表格的边框，如图 7.4.6 所示。

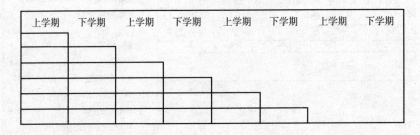

图 7.4.6

三、跨页表的制作

跨页表是将没有排完的内容在后面的页面上生成与原来的表格结构相同的新表格。选中表格，点击【表格】/【自动生成跨页表】，弹出"自动生成跨页表"对话框，在坐标编辑框内输入数值，确定跨页表的左上角顶点在后面的页面中坐标位置，默认情况下坐标位置与之前的表格位置相同。

四、表格文本互换与输出文本

（一）文本互换

利用"选取"工具选中表格，点击【表格】/【内容操作】/【表格转文本】（如图 7.4.7 所示），即可将表格转换为文字块，如图 7.4.8 所示。

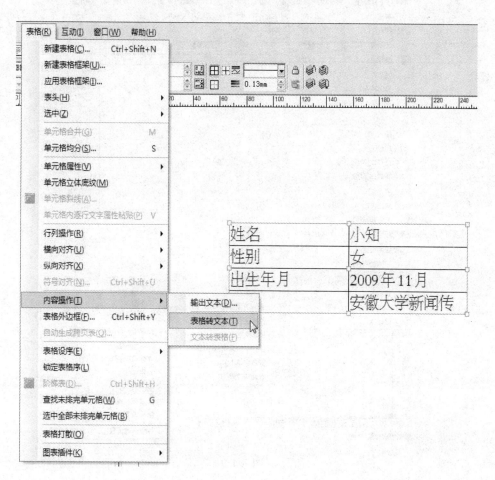

图 7.4.7

姓名小知
性别女
出生年月2009年11月
地址安徽大学新闻传播学院

图 7.4.8

　　表格转换为文字块之后,每个文字块内的文字内容之间的间隔符可以在表格转文本之前进行设置,通过点击【文件】/【工作环境设置】/【偏好设置】/【表格】(如图7.4.9所示),弹出"偏好设置——表格"对话框(如图7.4.10所示),在对话框中可以设置"单元格分隔符"、"文本表格互换行分隔符"等内容。

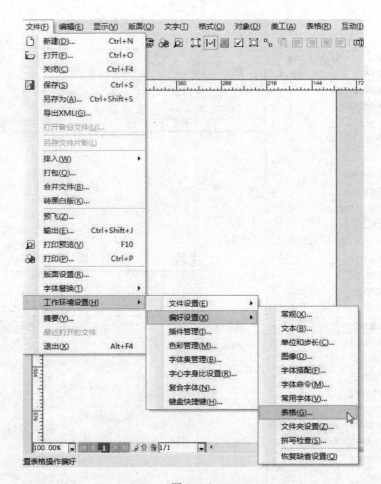

图 7. 4. 9

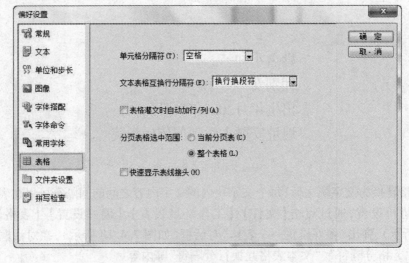

图 7. 4. 10

（二）输出文本

选中整个表格或者表格中的部分单元格,选择【表格】/【内容操作】/【输出文本】（如图 7.4.11 所示),弹出"另存为"对话框（如图 7.4.12 所示),在保存类型中选择".txt"或者".csv"（Excel 中的可以打开的文件格式）,设置好文件名、保存路径等就可以保存文本小样。

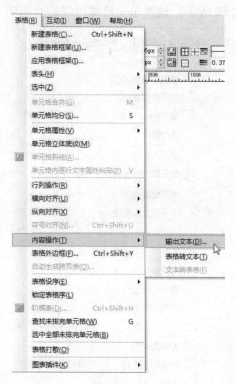

图 7.4.11

图 7.4.12

五、表格打散

当新建一个表格之后,表格的各个单元格组合成一个完整的表格,但通过"表格打散"操作,可以将单元格打散成个体,通过拖动可以将所有的单元格打散。

选中表格,点击【表格】/【表格打散】(如图 7.4.13 所示),点击每个单元格时都会出现控制点(如图 7.4.14 所示),这些单元格都可以随意拖动,如图 7.4.15 所示。

图 7.4.13

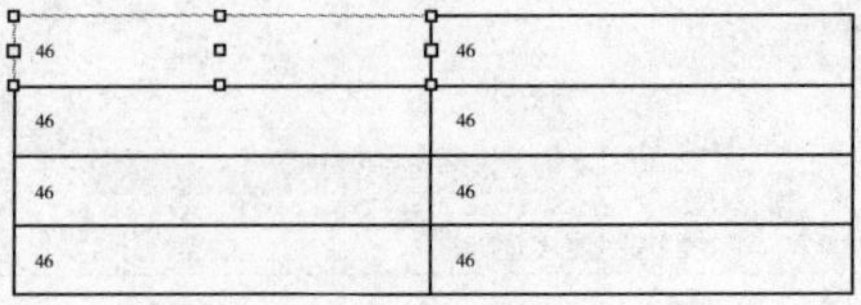

图 7.4.14

表格的制作　第七章

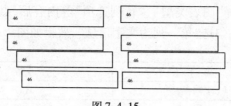

图 7.4.15

六、图表插件

图表插件可以将普通的表格用图表的形式表现出来,从而直观地显示数据,数据的含义也一目了然。

选中表格,点击【表格】/【图表插件】/【创建图表】(如图 7.4.16 所示),弹出"创建图表"对话框,如图 7.4.17 所示。

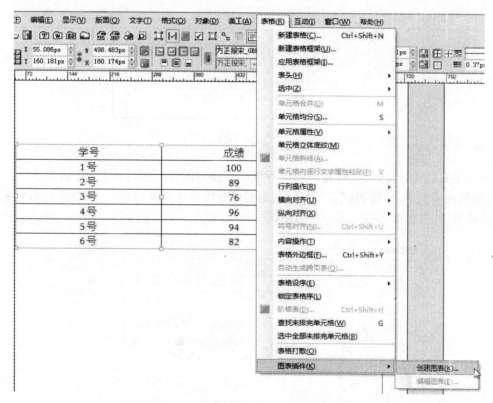

图 7.4.16

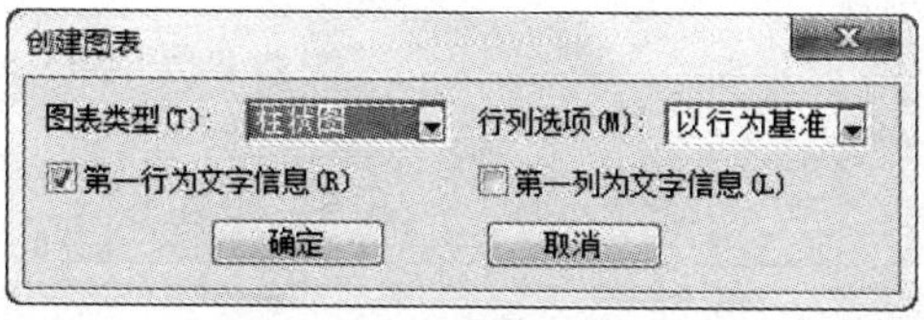

图 7.4.17

在创建图表中选择"图表类型"、"行列选项"等内容后,点击确定即可创建图表,在这里选择"折线图",勾选"第一列为文字信息",效果如图 7.4.18 所示:

学号	成绩
1号	100
2号	89
3号	76
4号	96
5号	94
6号	82

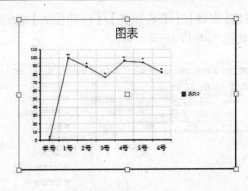

图 7.4.18

　　图表创建好之后,可以对图表进行编辑。选中图表,点击【表格】/【图表插件】/【编辑图表】,弹出"编辑图表"对话框,对对话框中的数据进行设置,可以改变图表显示效果,如图 7.4.19 所示。

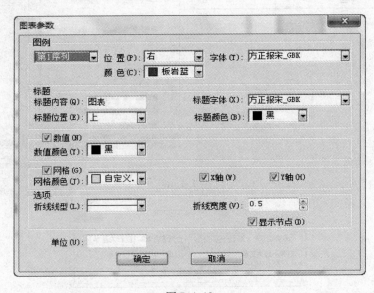

图 7.4.19

七、排入 Excel 表格

在飞腾创艺 5.3 中用户可以排入 Excel 表格,然后在飞腾创艺中继续编辑表格。

点击【文件】/【排入】/【Excel 表格】,弹出"打开"对话框,选择需要排入的 Excel 文件,点击"确定",弹出"Excel 置入选项"对话框。在"工作表"下拉菜单中选择需要排入的工作表,点击"确定"即可。

【小贴示】

飞腾创艺 5.3 兼容的 Excel 表格版本包括 Excel 2000、Excel XP、Excel 2003。排入的 Excel 表格保留结构、尺寸、线型、底纹、文字等内容,图表、超链接等内容将无法保留。

【本章小结】

本章主要介绍了在飞腾创艺 5.3 中表格的基本创建、编辑以及一些高级操作。通过本章内容的学习,读者可以掌握表格的创建、属性设置、各种类型表格的制作等内容,在日常工作中能够熟练制作表格,为工作带来方便。

下　篇

第八章 报纸版面设计

【案例描述】

【案例描述】

1. 本文将选择两个案例文本；

2. 报纸名称为《时事快报》《江淮晨报》；

3. 报纸为头版 A3 版面、城事版 510mm（高）×310mm（宽）；

4. 报纸内容正向横排；

5. 报纸案例包括《时事快报》的头版、《江淮晨报》的城事版；

6. 报纸定位为：全国刊发的、日刊类、时政类报纸（《时事快报》）以及省内刊发的、日刊类、都市报纸（《江淮晨报》）。

【学习目标】

1. 掌握报纸版面设计的理论知识；

2. 掌握报纸的排版与设计的特点；

3. 掌握报纸中文字与图片的编排。

【综合概述】

报纸是以刊登新闻和时评为主的定期发行的出版物。报纸是信息的重要载体之一，具有反映和引导舆论的功能。随着社会的发展，报纸的版式也在潜移默化地改变着。现代的报纸在版式设计上越来越具备审美要求，具有信息大、内容丰富、简洁实用等特征，在传达信息的同时给人以美的感受。

一、报纸的分类

1. 按报纸内容分类：分为综合性报纸和专业性报纸。

2. 按发行范围分类：分为全国性报纸和地方性报纸。

3. 按出版时间分类：分为日报、晚报、周报和星期刊报。

4. 按版面大小分类：分为大报和小报。大报一般指对开报纸，多为全国性的日报；小报一般指四开报纸，多为地方报纸、大的企事业单位主办的报纸。

5. 按从属关系分类：分为党报和非党报、机关报和非机关报。

6. 按所使用文字分类：分为中文报纸、外文报纸和少数民族文字报纸。

二、报纸版面的构成

报纸的版面构成分为：版心、基本栏、报头、报眼、报线、报眉、中缝、头条、双头条。

三、报纸的开张

全张报纸面积的大小是以白报纸的开张来称呼的,报社通常用的为 787mm×1092mm。半张白报纸大小的报纸,称为对开报,就是大报,如《人民日报》;四分之一张白报纸大小的报纸,称为四开报,就是小报,如《参考消息》。

四、报纸版面设计的要点

由于报纸版面变化十分丰富,报纸版面设计的要点就是要尽量在有限的空间内放入尽可能丰富的信息,并通过易于理解且引人注目的方式进行视觉传达。

五、报纸版面设计中的文字编排

文字是报纸传递信息的主要元素,文字在报纸版面中的编排直接影响着整个报纸版面的阅读效果。报纸一般使用专门的字体编排文字,比如报宋就是典型的报纸排版字体。

在一个报纸版面中,除了标题以外的正文字体一般不超过 3 种,以免造成版面字体混乱,使读者产生视觉疲劳而影响阅读。标题文字一般采用大而粗的字体,起到醒目的效果。文字可以根据版面需要选择不同的色彩,一般情况下,字体颜色的变化主要体现在报名和各条新闻稿件标题字上。报纸版面中的文字以块状的形式编排在版面中,形成不同的块,使阅读节奏和版面层次清晰。

六、报纸版面设计中的图像编排

报纸的印刷通常采用白报纸,与其他印刷媒体相比,印刷效果并不是十分理想。因此,在设计编排报纸时,需要对照片、图形做适当地处理,比如采用高调子,强调黑白反差;轮廓和主要结构可稍作修饰;对过多的层次做归纳色调和形体调整;对多个形象和多余繁杂层次的照片做退底和重组,并强调外轮廓的美感、个性化做整体的协调关系。

七、报纸版面的色彩搭配

一般说来,整个版面应有一个倾向性的色调,使版面的色调趋于基本一致,在视觉上感到舒适、大方、简洁、流畅,在版面中有彩色广告时显得尤为重要。一个彩色版面,色彩搭配不当,会破坏版面的整体效果,使版面显得杂乱无章,花哨过头。

【案例操作】

一、前期准备

(一)确立版面编排思想

每天的版面既不能重复,又要能体现一份报纸特有的风格。一个好的版面可以更好地表现舆论导向的正确性、版面内容的可读性,也可充分展示其可欣赏性。对读者而言,看到精美的版面是一种享受,会引起读者精读内容的强烈欲望。

对于报纸编排的认识和理解,不应仅仅停留在编辑艺术或编排技术的层面上,还应该上升到媒介产品的定位与设计、媒介精神和文化的展示、媒介品牌的打造这一战略高度上,从而实现媒体的品牌效应,增强自身竞争力。

因此,在排版前,需要先确定版面的编排思想。案例报纸选择的是时事类新闻报纸和都市类新闻报纸。针对不同类型、不同版面的报纸,编排思想有所不同。时事类新闻报纸的编排更注重新闻的时效性、政治性、严肃性、思想性。

（二）搜集、挑选新闻

在确立版面编排思想之后,报社的编辑为版面开始搜集、挑选新闻。因为报纸的版面空间有限,需要对外界诸多信息进行筛选、过滤。报纸挑选新闻的标准是多重的,包括报社的办报方针、新闻价值、法律法规等,同时还有编辑工作者的个人喜好。根据这些标准,报社的编辑工作者将需要刊登的各项新闻进行排序,确定报纸的头条、二条及其他新闻的排版顺序。

（三）制定排版规划

在确定刊登的新闻之后,需要制订当日的排版计划。不同类型、不同版面的报纸,所编排的版面形式有所不同。时事类新闻报纸的内容编排相对紧凑,新闻内容相对较多。都市类新闻报纸更注重视觉的冲击、图片的搭配,因此新闻排版更为宽松,新闻内容相对较少。在案例报纸中,从《时事快报》的头版挑选了 8 条新闻,从《江淮晨报》的城事版面中挑选了 2 条新闻。

二、开始排版

【案例 8-1】《时事快报》头版

（一）新建文件

打开方正飞腾创意 5.3,新建文件,其中页面大小选择 A3,如图 8.1.1 所示。由于在此案例中,单独演示头版制作,因此页数选择 1 页。而在实际的报纸编辑中,一位编辑大多数都是制作不止一个版面,因此,在实际报纸排版中,页数应根据需求进行指定。

（二）报头制作

在新建文件之后,飞腾出现了空白的版面,编辑就可以开始进行报纸的排版工作。报头作为报纸的"眼睛",一般情况下是不会随意改动的。因此,报头在制作后,将会保存成为模板,供下次排版时使用。在一般的报刊排版中,报头所占的行数大约是 10至 15 行左右,且报头一般都为横向排版,但也有少数报纸是纵向排版,如《大公报》。下面开始制作报头。

1. 选取文字工具,在紧贴版心的位置写下报纸名称:时事快报。

2. 选中"时事快报"四个字,右击鼠标,选中"文字属性"按钮,弹出"文字属性"对话框,如图 8.1.2 所示。

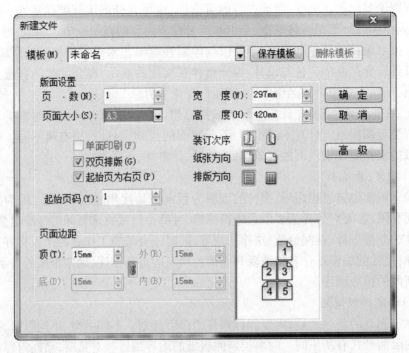

图 8.1.1

图 8.1.2

3. 设置报纸名称的字体、字号、字间距等。选取报纸名称的文本框,在文字下拉菜单中点击文本自动调整按钮,文本就可以随着文本框的变化而进行改变。一般情况下,横向排版的报纸中,报头所占的空间为整个版面宽度的 1/2 和 2/3 之间。而大多数版面的宽度为 5 栏,因此报头所占宽度大约在 2.5 栏至 3.5 栏。

4. 设置好文字属性后,开始为报纸名称"上色"。选中"时事快报"四个字,在窗口下拉菜单中,点击"颜色"按钮,弹出"颜色"浮动窗口,进行颜色调控,如图 8.1.3 所示。

图 8.1.3

（三）报眉制作

报眉一般被置于报头的下面、头条的上方，用来刊登报纸创刊期数、总的印行期数、当日报纸的版面数、出版日期、登记号码等。在案例报纸中，报眉包括了二维码、日期、天气、版数。这几种元素基本上都存在于全国各大报纸的报头中，有些报纸的报头中还包括：价格、报纸标语等。

报纸名称制作完成以后，开始制作报眉，并对报眉的各种元素分别进行字体、字号、颜色的设置，如图 8.1.4 所示：

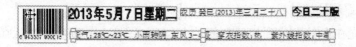

图 8.1.4

在此需要注意的是，报眉的长短需要依据报头的长度进行设置，不可偏长或偏短。报头报眉组合后，如图 8.1.5 所示：

图 8.1.5

（四）报眼制作

报眼，报纸的组成部分之一，指在报头旁边的一小块版面（如图 8.1.6 所示）。报纸对报眼的内容安排没有定规，但由于报眼位置显著，因此很多报纸用来登重要新闻或图片。不过,也有些报纸用来刊登内容提要、日历和气象预报,甚至用来刊登广告。而在案例报纸中,报眼就用来刊登简短而又重要的消息。

图 8.1.6

上图为本案例中的"报眼"消息。制作"报眼"消息需注意的是,报眼新闻通常比较短小,但新闻价值颇高,因此要谨慎选择。此外,报眼新闻的最后一行与报头的最低处尽量保持水平,不宜高于或低于报头。

1. 标题制作

在确定了各条新闻的先后顺序及大致排位后,开始对每条新闻进行精编。其中,首要的就是对标题的制作。

(1)首先在素材中找到相关新闻的文档(如图 8.1.7 所示),导入版面中,如图8.1.8 所示。

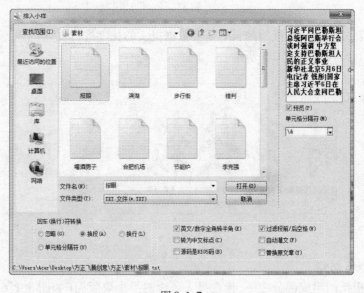

图 8.1.7

图 8.1.8

（2）选中标题文本,点击【格式】/【标题】,进行设置,出现"标题"对话框,如图 8.1.9 所示:

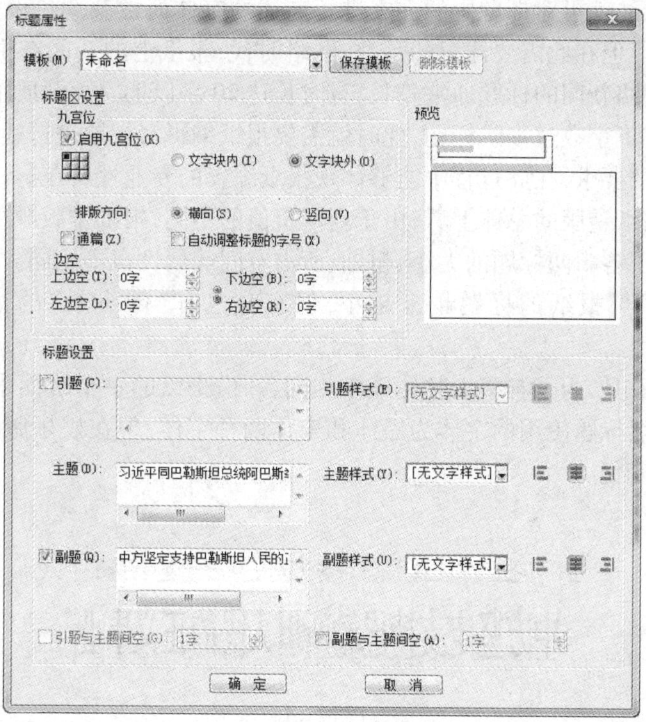

图 8.1.9

在"标题"对话框中,可以对引题、主题、副题进行设置,同时可以设置标题的位置及排版方向。在案例报纸中,标题区设置为:文字块外、横向。如果选择文字块内,则标题变为半包裹型标题,如图 8.1.10 所示。

当标题设置好后,可将该标题设置成模板,对于类似形式的标题,可以使用该模板对其进行批量设置。

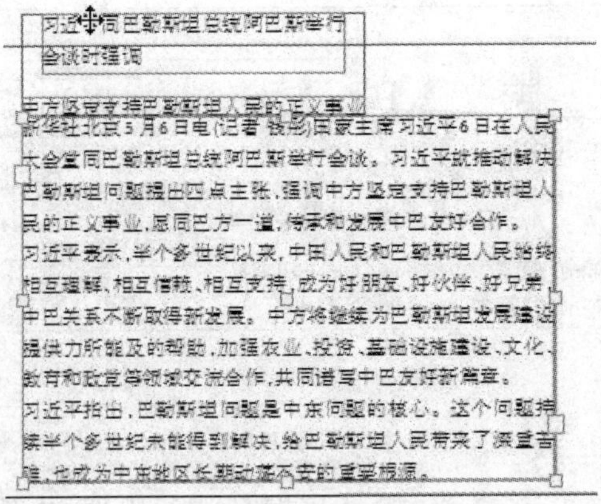

图 8.1.10

标题形成后，就可对标题内的文本进行前述的字体属性及颜色设置，最终形成正规的新闻标题。但在此需要注意的是，在网络时代，报纸上的新闻有很多都是从网站上获取的，而网络新闻的标题通常较长，有时长达 20 字以上。而纸质报纸由于空间有限，并不能够塞下字数过多的标题，此时就需要报纸编辑对标题进行适当的改写，使其符合报纸标题的要求，在此过程中能够体现报纸编辑的专业性所在。

此外，从报纸整版的总体上看，由于新闻价值的不同，报纸排版顺序及位置也不相同。这就导致了各新闻标题的大小、粗细、所占空间等属性也不相同。一般情况下，报纸版面从上至下，报纸的标题越来越小，但有时也有"倒头条"的情况存在，如图8.1.11 所示。

还需注意的是，为了与报纸整体风格相同，一份报纸的一个版面中字体上不应有过多变化。一般标题使用的字体为黑体和宋体两种字体；但在娱乐版和体育版中，字体可以有较多变化。

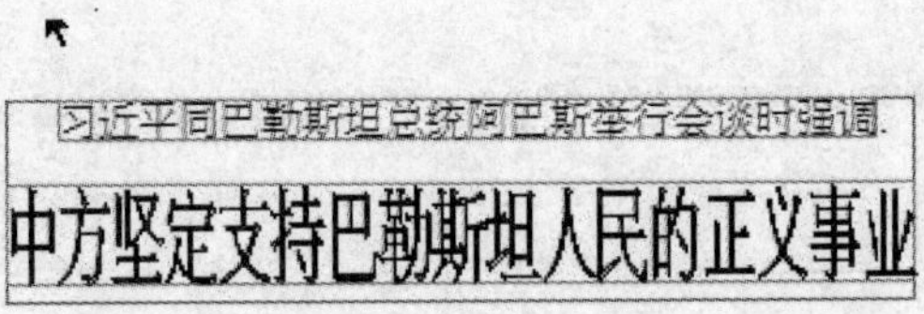

习近平同巴勒斯坦总统阿巴斯举行会谈时强调

中方坚定支持巴勒斯坦人民的正义事业

图 8.1.11

2. 新闻文本排版

当新闻文本被导入飞腾创艺 5.3 后，可以针对不同需求对新闻文本进行排版。根据报纸版面不同，报纸的栏数也不尽相同。大多数报纸版面分为 5 栏，但也有 6 栏、4 栏的。由于空间、字数的限制，在"报眼新闻"中可以分为两栏或者不分栏。案例 8-1 中将其分成两栏。

选中正文文本框，点击【格式】/【分栏】，出现分栏对话框，如图 8.1.12 所示。

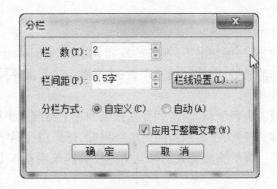

图 8.1.12

　　在分栏对话框中,可选择栏数、栏间距以及分栏方式。此外,还可以对栏线的粗细、颜色等进行设置,如图 8.1.13 所示。

图 8.1.13

　　分栏后,双击鼠标,能够对分栏内容进行适当调整,最终形成一篇完整的消息,如图 8.1.14 所示。

图 8.1.14

在此需要注意的是,一般情况下,报纸的新闻文本均为报宋、小五号字,评论内容均为楷体、小五号字,消息源、图片解说及作者、单位等字体都需要加粗。

(五)头条制作

头条是报纸各版的头条消息,通常刊登在报纸的左上角或上半版。头版头条是每期报纸最重要的内容,有时为了显示新闻的重要程度,还采用标题字体加大或加底纹、颜色等方式进行处理。报纸头版头条的标题所占栏数的范围基本上要超过1/2,达到2/3,有时甚至会通栏。

在案例8-1报纸中,头版头条所选择的新闻为《全面小康,眼睛紧盯平均线以下》,主要以徐州实施黄河故道的二次综合开发为主要报道内容。按照头条新闻制作的要求,将标题放大、加粗,将新闻正文分为四栏,占据上半版的大部分版面,在气势上显得大气、有分量。排版结果如图8.1.15所示。

图 8.1.15

(六)其他各条新闻的制作

制作好头条之后,按照新闻价值、报纸方针以及新闻字数的要求,将其余各条新闻按照报纸版式要求进行排列,最终形成如图8.1.16所示的版面。

版面制成之后,将版面保存在相应的文件夹下,同时可以输出为 PDF 等多种格式,这在第二章中已经有所阐释,在此不再赘述。

图 8.1.16

【案例 8-2】《江淮晨报》新闻版(8 月 26 日 A09 城事版)

按照案例 8-1,新建文件后,进行报眉制作。

(一)报眉制作

图 8.1.17

在版心线上,依次输入报眉各种元素并进行编辑,各要素的属性如下所示。

1. 江淮晨报（如图 8.1.18 所示）：

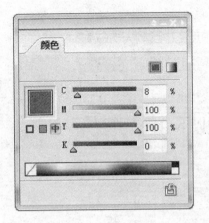

图 8.1.18

2. 城事（如图 8.1.19 所示）：

图 8.1.19

3. A09（如图 8.1.20 所示）：

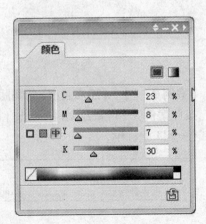

图 8.1.20

4. 矩形框(如图 8.1.21 所示):

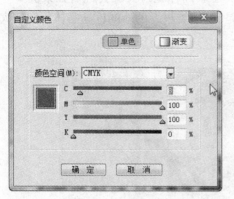

图 8.1.21

5. 日期、邮箱、责编(如图 8.1.22 所示):

图 8.1.22

6. 天地线(如图 8.1.23 所示):

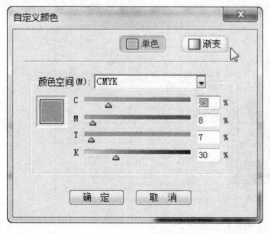

图 8.1.23

（二）头条制作（如图 8.1.24 所示）

报眉制作完成，开始进行头条制作。关于新闻标题、正文的排版，在案例 8-1 已有详细阐述，在此不再赘述。需要注意的是，都市类报纸的新闻标题字体相对较大，比较醒目。

图 8.1.24

（三）二条制作（如图 8.1.25 所示）

图 8.1.25

（四）广告制作（如图8.1.26所示）

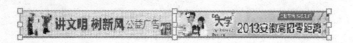

图 8.1.26

（五）输出打印成品（如图8.1.27所示）

图 8.1.27

第九章 杂志版面设计

【案例描述】

1. 杂志名称为《安徽大学国家大学生文化素质教育基地建设简报》,杂志的内容以素质教育理论、成果为主;

2. 杂志为大十六开双面排版;

3. 杂志内容正向横排;

4. 杂志包括封面、封底、目录和内页;

5. 杂志的风格要配合杂志的主要内容,不要过于严肃或者过于活泼;

6. 杂志不要超过 30 页。

【学习目标】

1. 掌握杂志版面设计的理论知识;

2. 掌握杂志目录的制作;

3. 掌握杂志的排版与设计的特点;

4. 掌握杂志中文字与图片的编排。

【综合概述】

杂志的类型有很多种,包括时尚类杂志、学术类杂志、社会科学类杂志、体育杂志等。各类杂志根据自身的类别和定位不同,在编排与设计时也会存在很大的差异。与其他类型的刊物相比,杂志往往在装帧和艺术设计、色彩等方面更加吸引读者的眼球。由于杂志具有出版的连续性、内容的独立性、定位的时尚性以及风格的传承性,并且需要大量的图像、色彩、装饰并辅助以广告,因此形成了独具个性和特色的设计语言和表现形式。

在版面设计中,杂志的版位和规格在设计编排时不容忽视,比如封面、扉页、封底、内页等内容。杂志在编排过程中除了要有丰富精美的图片、绚丽的色彩外,还要注重文字的编排,将文字与图形图片更好地融合,使编排更加连贯。

一、杂志版面设计的要点

杂志在设计过程中要注重统一与变化。杂志的整体风格要统一,强化版面的整体感,而杂志内容往往围绕定位分成几个栏目版块,每个版块可以有自己的一些设计,但是每个版块内部要注意色调、风格以及字体的统一,版块与版块之间要注意整体的统一。

形式与内容要统一。杂志形式在设计与编排过程中要注意与杂志定位、杂志内容统一,然后融入设计者的思想和感觉,达成完美的融合和表达。

杂志封面在设计中主要以吸引读者的目光为前提,树立杂志的品牌形象,封面设计根据需要包括杂志的名称、刊号、条形码等内容,杂志的名称要达到醒目的视觉效果。

杂志版面在编排过程中要注意用合理的分栏来控制字行长度,便于阅读,时尚类杂志通常采用分栏的形式。在版面安排方面要灵活多变,避免呆板。在设计上,杂志要能够形成自己的风格。

二、杂志版面设计中的文字编排

编排杂志版面中的文字时,要注意标题文字与正文文字的区别。一般来说,标题的文字采用粗体,要做到引人注意,杂志的正文文字在编排时一般采用八号～十号字,不要低于五号字,否则会造成阅读疲劳。

在运用字体方面,杂志的文字要避免字体过多造成的混乱,同时控制好字距和行距,注意版面的整体层次与主次关系。文字在杂志编排中还需要注意美感,如果是时尚类杂志,文字的颜色要艳丽突出,同时保持整体和谐,可以适当增加艺术字。

三、杂志版面设计中的图像编排

现在的平面媒体已经进入了"读图"时代,图片已经成为杂志版面中不可缺少的部分。在图片的选择方面,要直观醒目,增加杂志的可读性。图片在编排过程中要与文字很好地配合,改变文字的单调乏味,让整个版面更加有层次感和可读性。

【案例操作】

一、前期准备

(一)杂志定位

杂志的名称为《安徽大学国家大学生文化素质教育基地建设简报》,杂志是素质教育类简报,因此定位为学术性较强的杂志,所以在设计方面不能过于严肃或活泼,做到简洁大方即可。

(二)资料准备

根据杂志的定位和要求,在资料搜集时主要需要准备的内容包括封面与封底的设计、素质教育理论政策类论文、素质教育成果、讲座精华、学生作品等。内容搜集好之后,创建一个名为"基地简报"的文件夹,将所有的内容保存到这个文件夹中。后期制作的飞腾创艺文件以及添加的内容都要保存到这个文件夹内,防止之后的操作会导致源图片或者小样等文件路径出现变化。

二、新建文件

打开方正飞腾创艺5.3,选择"新建印刷文档",弹出"新建文件"对话框。由于杂志大小为大十六开双面排版,正向横排,在页数设置时,根据要求杂志不要超过30页。因此在页面设置时,可以将数字设置为大于等于30页即可,"新建文件"对话框中的设置如图9.1.1所示:

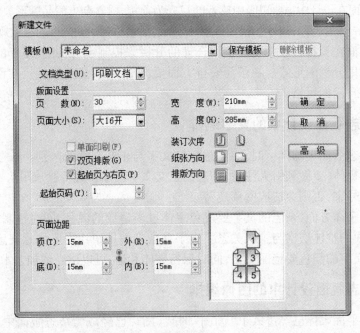

图9.1.1

点击"高级",在"版心背景格"将"版心调整类型"设置为"自动调整版心",其他内容默认设置即可,如图9.1.2所示。

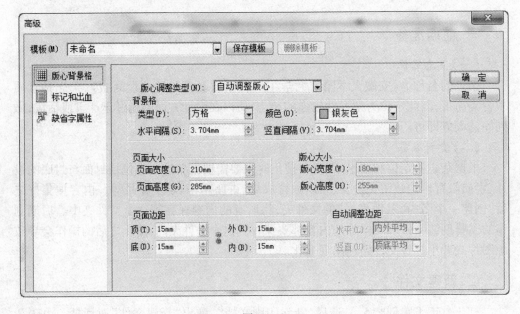

图9.1.2

设置好之后点击"确定",即可开始杂志的设计制作。在制作之前需要先熟悉一下整个操作窗口,除了基本操作控件、菜单之外,在窗口的下方会出现页码条(如图9.1.3 所示),通过点击页码或者在列表中选择页码(如图9.1.4 所示),即可跳转至选择的页面。

图 9.1.3

图 9.1.4

三、杂志封面与封底设计

由于杂志定位为学术性杂志,因此在封面设计时,不能过于花哨。

在封面的编排设计时,要突出杂志的名称,同时选择合适的图片作为封面的背景图片也相当重要。

封底在设置时风格要与封面保持一致。

由于这本杂志名称为《安徽大学国家大学生文化素质教育基地建设简报》,因此笔者在挑选杂志背景图片时,选择安徽大学以文典阁为中心的俯拍图。在飞腾创艺操作之前,通过图片处理软件将图片的色彩和大小进行处理。

选中第一页,点击【文件】/【排入】/【图像】,选择提前制作好的图片,点击"确定"排入图像。图像排入之后,按住 Shift 键等比例调整图像大小,使图像大小与页面大小一致。将图像覆盖在页面上,将"图像显示精度"调整为精细,之后选择"文字"工具,在页面空白处输入杂志标题文字"国家大学生文化素质教育基地建设简报"。将文字输入好之后,拖动至图片上方,调整文字和图片的层次,使文字位于图片上方,之后调整文字的字号、字体、位置等内容,具体设计效果如图9.1.5 所示。

整个杂志封面在设计风格上简洁大方,色调也比较纯净,同时杂志标题的文字与背景色对比鲜明,使杂志的标题突出、醒目,如图9.1.6 所示。

图 9.1.5

图 9.1.6

四、杂志目录设计

在文档的第二页、第三页制作目录，排入提前制作好的目录背景图片，精细显示。在第二页的右边输入编委会等相关内容，输入好之后可以开始进行目录的制作。

在页面空白处将文字内容编辑好，在编辑时，每行文字结束之后在最后一个字和页码数字之间点击 Tab 键，将数字与文字隔开。文字内容编辑好之后，将文字块拖动至第二页适当位置，调整好文字的大小、字体和格式，如图 9.1.7 所示。

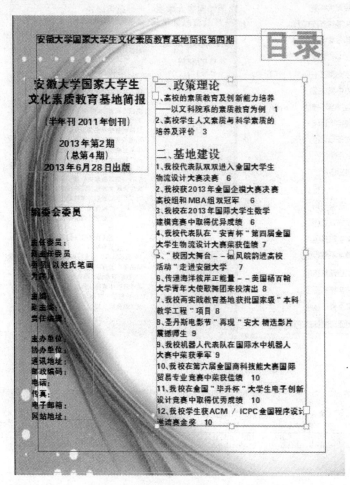

图 9.1.7

利用"选取"工具选中文字块，点击【格式】/【Tab 键】/【Tab 键】（如图 9.1.8 所示），弹出"Tab 键"面板，如图 9.1.9 所示。

:对齐方式按钮；

:设置按 Tab 键对齐按钮；

:取消按 Tab 键对齐按钮；

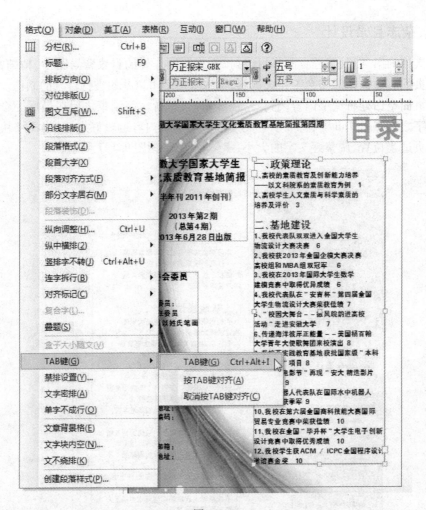

图 9.1.8

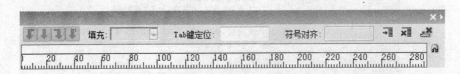

图 9.1.9

:全部清除按钮；

:定位按钮。

"Tab 键"面板出现后,选中文字块,然后点击"Tab 键"上的"定位"按钮,将文字块与"Tab 键"面板锁定,然后点击"设置按 Tab 键对齐",默认为左对齐,将光标移动至"Tab 键"面板的标尺上方空白处,单击鼠标左键,在标尺上方的点击处添加一个 Tab 键。此时,光标上方就会出现"左齐"图标，这时就可以看到文字块内部的数字执行的左对齐操作,拖动"左齐"图标可以改变数字对齐的位置。

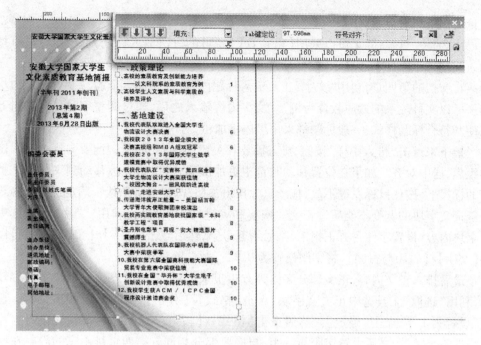

图 9.1.10

【小贴示】

　　"左齐"表示数字左边对齐,"右齐"表示数字右边对齐。在版面设计中最常见的 Tab 键对齐方式为"左齐","居中"对齐通常用于制作标题,"右齐"通常用于目录页码,"符号对齐"通常用于表格中小数点对齐。

第二页的目录制作好之后,可以用同样的方法制作第三页的目录。

五、杂志内容编排

杂志内容在编排上要注意以下几点:

1. 杂志的内容一定要控制在版心线之内,防止超出版心线内容无法打印;

2. 协调好文字与图片之间的关系;

3. 注意每个版块之间的联系以及版块与整体的联系;

4. 文字过多的内容要注意分栏以及灵活运用分隔线;

5. 一个版块排版结束之后,下一个版块必须另起一页,因此每个版块结束的地方必须是一页的结尾处,或者不要留白太多。这就需要灵活运用分栏与字距、行距设置,从而调整版块内文字内容的位置。

（一）政策理论部分

这一部分主要是以文字内容为主,理论性、学术性较强,文字内容较多,在排版过程中要注意分栏,方便读者阅读,处理好标题、摘要和正文部分的关系,同时在最后要有论文出处居右显示。

因为是一行题,除了可以采用【格式】/【标题】的方法输入标题,也可以通过直接输入文字来添加标题。

在文档的第四页,利用"文字"工具输入标题内容"高校的素质教育及创新能力培养——以文科院系的素质教育为例"。文字内容输入之后,通过调整字号、字体、对齐来使其符合标题样式,一般标题都采用黑体字加粗,居中对齐。

接下来点击"排入小样"按钮,排入摘要和关键词,摘要和关键词要与标题有一定的距离,居中对齐。如果在位置移动时希望更加准确,可以将光标移动到飞腾创艺页面的标尺上,按住鼠标左键不放,拖动鼠标拉出参照线,通过参照线来确定位置。摘要关键词文字块的宽度不能超过正文。摘要和关键词排入之后,利用"文字"工具选中文字块内容,设置字体为方正报宋,字号为五号字,然后点击【文字】/【字距与字间】以及【文字】/【行距与行间】,将字距设置为 0.2,行距设置为 0.52。

最后排入正文内容,正文部分字体为方正报宋,字号为五号字。由于文字内容较多,利用"选取"工具选中正文文字块,点击【格式】/【分栏】,将"栏数"设置为 2,"栏距"设置为 1 字,点击"确定"。然后点击【格式】/【段落格式】,将段落格式设置为首行缩进 2 个字符,之后设置字距与行距,与摘要部分相同。第四页排不完的内容在第五页继续排。正文的小标题字号要与正文的字号有所区别。

排版效果如图 9.1.11 所示:

图 9.1.11

由于“政策理论”版块内有两篇论文，第一篇论文在编排时占用了两整页之后还剩一些内容没有排完，但是剩下的文字内容只占到页面的三分之一左右，此时可以运用分割线，将两篇文章排在一起，这样可以使得版块更有整体性。

页面的下半部分先将第一篇论文的剩余内容按照相应的格式排入，然后在第一篇内容的左上方输入“（文章接上页）”的文字内容，再在上方利用“直线”工具 ╲ 画出一条分隔线，之后利用“选取”工具选中直线，点击鼠标右键，选择“线型与花边”调整直线分隔线的粗细，在页面剩余的上半部分排入第二篇文章的标题、摘要、关键词、正文开头等内容即可。

排版效果如图 9.1.12 所示：

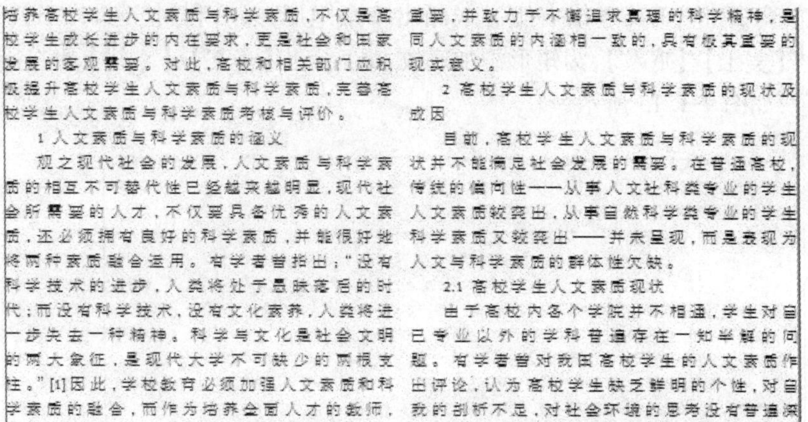
培养高校学生人文素质与科学素质，不仅是高校学生成长进步的内在要求，更是社会和国家发展的客观需要。对此，高校和相关部门应积极提升高校学生人文素质与科学素质，完善高校学生人文素质与科学素质考核与评价。

1 人文素质与科学素质的涵义

视之现代社会的发展，人文素质与科学素质的相互不可替代性已经越来越明显，现代社会所需要的人才，不仅要具备优秀的人文素质，还必须拥有良好的科学素质，并能很好地将两种素质融合运用。有学者曾指出：“没有科学技术的进步，人类将处于愚昧落后的时代；而没有科学技术，没有文化素养，人类将进一步失去一种精神。科学与文化是社会文明的两大象征，是现代大学不可缺少的两根支柱。”[1]因此，学校教育必须加强人文素质和科学素质的融合，而作为培养全面人才的教师，则更应首当其冲地成为具有综合素质的人。

人文素质是人们在自身基本素质的形成过程中，将人文知识经过环境、教育等实践途径内化于身心所形成的一种内在品质[2]，多表现为一个人的气质、境界、性格、修养等方面；与专业知识相比较，人文素质能在更深层次上反

重要，并致力于不懈追求真理的科学精神，是同人文素质的内涵相一致的，具有极其重要的现实意义。

2 高校学生人文素质与科学素质的现状及成因

目前，高校学生人文素质与科学素质的现状并不能满足社会发展的需要。在普通高校，传统的偏向性——从事人文社科类专业的学生人文素质较突出，从事自然科学类专业的学生科学素质又较突出——并未呈现，而是表现为人文与科学素质的群体性欠缺。

2.1 高校学生人文素质现状

由于高校内各个学院并不相通，学生对自己专业以外的学科普遍存在一知半解的问题。有学者曾对我国高校学生的人文素质作出评论，认为高校学生缺乏鲜明的个性，对自我的剖析不足，对社会环境的思考没有普遍深入，创新能力比较薄弱。此外，高校学生提升自身素质的意识很模糊，思想价值观念失落。随着高等教育环境的深刻变化，很多高校学生容易受社会环境的影响，对未来感到困惑，学习和生活只考虑到物质利益，没有精神信仰，以致价值判断出现偏差，功利主义至上。加之

(此处接上文)

惰性，需要老师们的督促。如果中文系把像历史类这样的课程开设成必修课，则学生会更加用心的学习吸收了。因此，作为一个院系来说，我觉得也应当在学校大范围之内开设具有开阔视野的课程，这样才能达到学校开设跨专业课程、选修课程的效果。而且近年来我校学生辅修情况明显增多，据统计近3年来，学校共有760名本科生申请辅修第二专业，其中已有442人获得第二学士学位。

实际上培养大学生的人文素养、科学素养和创新能力的途径是多方面的，正如上文所提到的，大学生社团活动，另外还可以组织比赛，调动大学生的积极性。但也正如前面所说，学校，毕竟是以学习为主的学科，还是应当加强大学生的课程学习，而相应的应该进行课程的改革，进行教学方式的改变。

（本文刊于《安徽文学》2011（12）：205—206.）

图 9.1.12

【小贴示】

每一页内容排完之后，按住 Shift 键不放，然后利用“选取工具”点击页面上所有的文字块，将这些块同时选中之后，点击鼠标右键，选择“成组”，将这些块合并。这一操作可以避免因操作失误而导致之前制作好的内容格式发生变化。

（二）学生作品部分

这一部分主要是展示学生的摄影作品、征文作品,因此在风格上要与政策理论部分有所区别,又更加活泼一些。

因此可以选择在背景上有所展现。

征文作品部分的内容选择分为三栏,同时选中整个文字块,点击【美工】/【底纹】,为征文的文字内容添加底纹。值得注意的是,底纹的颜色、花纹的效果不能太过于明显,从而掩盖了文字内容。文字内容是主要的,而底纹只是用来修饰的。

而摄影作品展示页面更是可以在摄影作品的排版方面有所讲究,同时在背景上也可以做些处理。

先选择"矩形"工具▢,沿着版心线画出一个矩形,然后利用"选取"工具选中"矩形",点击【美工】/【底纹】,为矩形添加底纹,最后点击【美工】/【空线】,将矩形边框设置为无色,如图 9.1.13 所示。

图 9.1.13

由于该页要排入三张摄影作品,因此利用"矩形"工具绘制三个矩形。绘制好之后,选中与版心线大小一致的矩形,然后点击鼠标右键,将"层次"设为"最底层",三个小矩形位于大矩形的上一层。接下来为小一点的三个矩形添加比大矩形颜色较为明显、有所区别的底纹,并将其设为"空线",如图9.1.14所示。

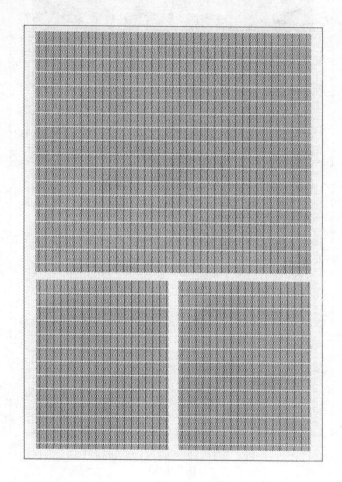

图 9.1.14

背景完成之后,接下来可以排入摄影作品。点击"排入图像"按钮,排入一张摄影作品,清晰显示,然后按住 Shift 键等比例缩放图像之后,将图像放入小矩形中,同时设置图像层次,使其位于小矩形之上。操作完毕之后,可以在小矩形排入图像下方的空处输入摄影作品的信息,如图9.1.15所示。

(三)他山之石部分

这一部分主要内容是各高校举办的素质教育活动,主要是文字与图片结合的形式,因此这一部分要处理好文字与图片的关系。

首先,将文字内容排入到页面当中,文字块分两栏,栏距为1字,字距为0.2,行距为0.52,字体为方正报宋,字号为五号字。然后利用"文字"工具输入新闻内容的标题,标题设置为黑体加粗,标题与文字块之间添加分割线,如图9.1.16所示。

图 9.1.15

插入文字内容的配图,排入需要的图片,精细显示。然后利用"选取"工具选图像,点击鼠标右键,选择"图文互斥"。在"图文互斥"对话框中选择"外框互斥"和"不串文",点击确定,如图9.1.17所示。

接下来,按住Shift键按比例缩放图像,使图像的宽度与每一栏文字块的宽度保持一致,然后根据版面设计需要,将图像拖动至文字块合适的文字即可,如图9.1.18所示。

合肥市民间传统手工技艺走进中国科技大学校园

2016年6月7日 中国科大新闻网

合肥是首批国家级文化与科技融合示范基地，为了推进文化与科技融合的"点线对接"，6月7日上午，由合肥市文联、市民协主办、中国科大团委、包河区委宣传部协办的"合肥市非遗民间手工绝活进社区、进校园公益活动"启动仪式在科大东区活动中心广场举行，作为第八个"文化遗产日"期间非遗宣传的重头戏。这一活动拉开了合肥市系列活动的序幕，我校党委副书记蒋明、合肥市联协副主席余其斌、安徽省文联副主席、安徽省民间文艺家协会主席张颖等出席了启动仪式。仪式由合肥市文联党组成员、合肥市文联副主席刘晓明主持。

启动仪式上，包河区委宣传、宣传部长王海霞与合肥市文联党组书记陈翔讲话，高度肯定了合肥市民间手工绝活进社区、进校园公益活动的意义。随后与会领导共同启动了开幕水晶球。

整个活动现场气氛热烈，广场上各个展位前人头攒动，围满了痴心非遗、痴迷传统文化的科大师生，他们纷纷挤在展位前，争相目睹民间艺人们现场制作的精湛手艺。这次活动共安排了近20个非遗项目、30余名传承人参与，其中包括纸笺加工、火笔画、葫芦烙画、吴山铁字、剪纸、面塑、泥塑、蛋雕、木雕、皮影、陶艺、瓷雕、核雕、面具、羽毛画等。

在民乐队优美的伴奏声中，艺人们在展台前演示各自的非遗绝活。几位木雕工艺大师在现场精心雕琢山水挂屏等作品；在火笔画传……

人刘凯的电烙笔下，寥寥几笔，一只栩栩如生的虾子便跃然宣纸上；"庐州蛋王"吴培的展位前，古今中外的蛋壳吸引着众多好奇的目光；一撮黄泥在号称"彩老"的辛忠斌的手里，转眼就捏成一件栩栩如生的陶艺作品；惟妙惟肖的泥塑人物一个个憨态可掬，失山中的剪纸巧明把传统融合了现代的表现手法；"纸笺加工"作为我省的国家级非遗项目，不仅展示其珍贵的各色洒金粉笺，还现场演示宣纸再加工这一古老的传统手工绝技。

作为中国的名牌大学，科大有着文化与科技融合的得天独厚的优势，在活动现场，科大的专家、教授和这些学习理工的学子们亲眼见到神奇的手工技艺，个个赞不绝口，在科技高度发展的今天，精湛的全靠手工打造的绝活仍然具有无穷的魅力。如何用科技的手段让"非遗"艺术在更广泛的领域得到宣传和传承，许多观者在思考。大家纷纷表示，今后要更多举办此类的公益性活动，采取更高科技手段让更多的年轻人了解中国的传统文化，学习民族的传统技艺。

启动仪式之后，市文联还将在全市各个社区及多所大学校园安排多场非遗民间手工绝活进校园、进社区公益性活动，与广大市民和学生面对面，通过现场演示、现场授徒等各种方式，让基层群众亲手触摸精湛的民间传统手工技艺，近距离感受民族传统手工技艺的魅力。

图 9.1.16

图 9.1.17

图 9.1.18

六、添加、删除与移动页面

如果在杂志编排过程中需要添加或者删除页面,可以通过页面管理来实现。

点击【页面】/【页面管理】(如图 9.1.19 所示),弹出"页面管理"对话框(如图 9.1.20 所示)。对话框分文主页窗口和页面窗口两个部分,双击某个其中的页面即可翻到该页进行操作。

(一)增加页面

单击"页面管理"窗口右上方的箭头,出现扩展菜单,选择"插入页面"(如图 9.1.21 所示),弹出"插入页面"对话框,设置插入的页数以及位置即可,如图 9.1.22 所示。

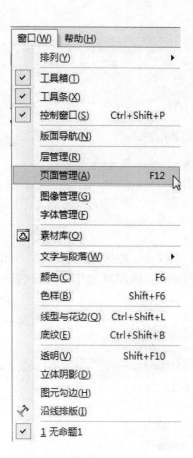

图 9. 1. 19

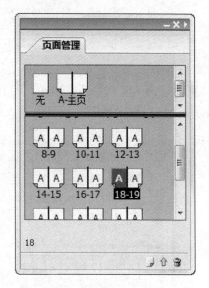

图 9. 1. 20

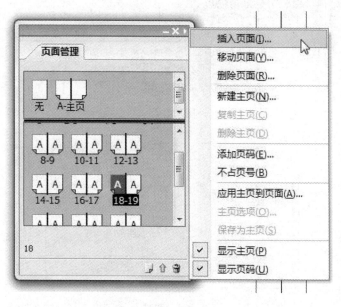

图 9. 1. 21

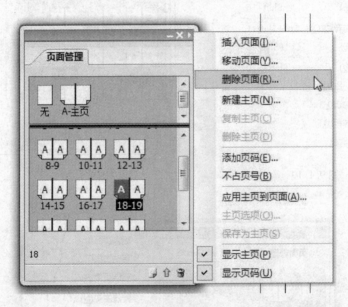

图 9.1.22

(二)删除页面

单击"页面管理"窗口右上方的箭头,出现扩展菜单,选择"删除页面"(如图 9.1.23 所示),弹出"删除页面"对话框,输入需要删除的页面即可,如图 9.1.24 所示。

图 9.1.23

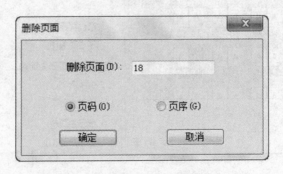

图 9.1.24

（三）移动页面

在"页面管理"对话框选中页面，按住鼠标左键不放将页面拖动到其他位置，松开鼠标左键即可。

七、添加页码

杂志在内容制作完成后，最后一步就是添加页码。点击【版面】/【页码】即可进行页码的操作，如图 9.1.25 所示。

● 添加页码

单击"添加页码"，弹出"添加页码"对话框，如图 9.1.26 所示。

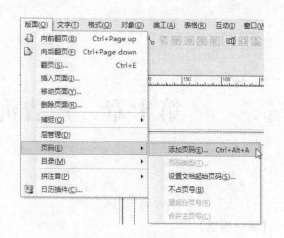

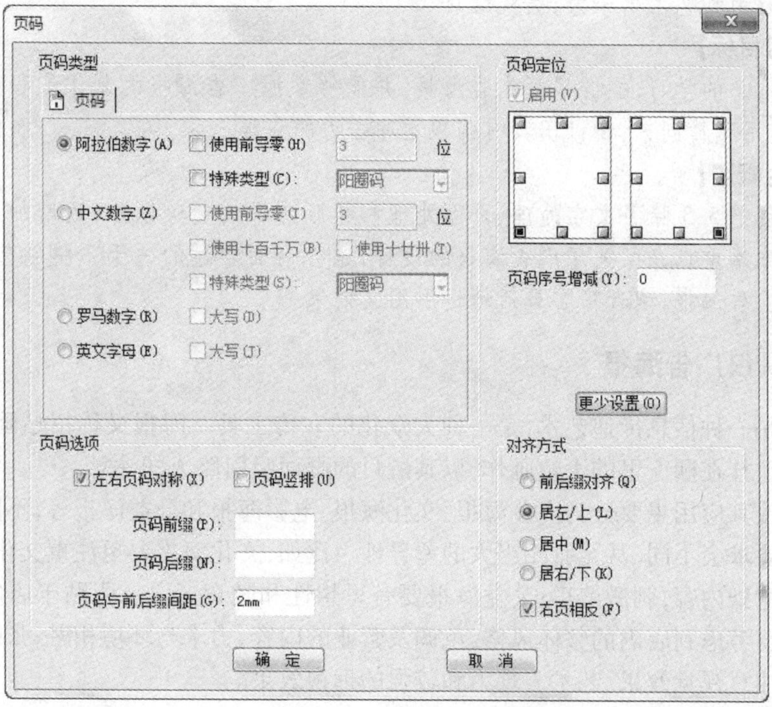

图 9.1.25

图 9.1.26

在该对话框中设置页码类型、对齐方式、选项等内容，即可在文档中添加页码。

在杂志设计当中，封面、封底和目录是不占用页码的，正文部分页码从"1"开始。因此将文档翻到封面页，将光标放在封面页，点击【版面】/【页码】/【不占页号】，封面的页码将被删除，目录和封底也可以进行同样操作。

第十章　广告海报设计

【案例描述】

　　本案例选择的是 A4 版面大小的文件,横版(横版、竖版根据需求设定),是针对年轻人使用手机的广告海报。海报风格轻松活泼,色彩绚丽,主题突出,文案简明,具有较强的号召力和艺术感染力,美观醒目。

【学习目标】

　　通过本章的学习,能够了解广告海报,并能够掌握广告海报的制作流程和设计技巧,灵活运用飞腾创艺,设计出具有强视觉冲击力的海报。

【综合概述】

　　飞腾创艺5.3除了文字处理、页面处理和排版效果的优势以外,还增加了大量设计功能。本章重点介绍关于广告海报的设计,结合前面学过的关于飞腾创艺的知识,做出一张广告海报,读者需要灵活地运用图文效果。

一、认识广告海报

　　海报是一种信息传递艺术,是一种大众化的宣传工具。海报又称招贴画,是贴在街头、墙上,挂在橱窗里的大幅画作,以其醒目的画面吸引路人的注意。

　　海报按其应用主要分为商业海报、文化海报、电影海报和公益海报等,不同种类的海报设计要求会不同,甚至有相当大的差异性。比如,文化海报要更注重文化内涵;电影海报要渲染内容,刺激票房;公益海报要有思想性和教育意义。张贴于店内的海报设计时需要考虑到店内的整体风格、色调及营业的内容,力求与环境相融;张贴在外面的海报要注意视觉效果、艺术表现力和较强的远视效果。

　　本章重点介绍的是商业海报设计,即宣传商品或商业服务的广告海报。这要求设计要配合产品格调和受众对象。

二、广告海报的设计思路

(一)广告海报的设计重点

1. 广告海报设计总体要求

(1)一目了然。广告海报设计必须要简单明了,不能让人一看不知所云。

（2）号召力与艺术感染力。广告海报设计要调动形象、色彩、构图、形式感等因素，形成强烈的视觉效果。当然，还要在宣传产品的前提下增加艺术感染力，这样才会产生不可抗拒的宣传力量。

（3）创意。广告海报设计一定要有自己的创意，应力求新颖，没有人喜欢一成不变的东西。

2. 广告海报设计的具体要求

要通过图像和色彩，增强海报的视觉冲击力；海报的内容要精练，抓住主要诉求点即可；版式要做艺术性处理；设计时要以图片为主，文案为辅；主题文字一定要醒目。

3. 广告海报设计的通知性要求

一般的广告海报通常含有通知性，所以主题应该明确显眼、一目了然，比如商品的主要诉求，或者打折活动。如果是活动海报，要用最简洁的语句概括出如时间、地点、附注等主要内容。

（二）广告海报设计的步骤

1. 明确这张广告海报的目的，是为了宣传商品，还是通知商品或服务的相关活动。海报目的直接决定海报的样式。

2. 明确广告海报的目标受众。这决定了海报的风格定位，是应该端庄大方，还是要轻松活泼。

3. 关注同行业、同类型产品的海报如何。这决定这张广告海报一定要有创意性，要与众不同。

4. 明确广告海报的体现策略。如何表现出独特的创意，采用什么样的表现手法来传递商品信息，怎样才能更好地与商品结合起来，如何表现才能更好地吸引消费者眼球等。

（三）广告海报的格式内容

广告海报一般由标题、正文和落款三部分组成。

1. 标题。即在海报上最醒目的大字，表明广告海报是某一产品的宣传广告还是活动广告。

2. 正文。如果是产品宣传广告，一般以图片为主要内容，文字一定要精练，简单。如果是商业活动的广告海报，要写清楚活动的目的和意义、主要项目、时间、地点、具体参加方法及一些必要的注意事项等。

3. 落款。如果是产品宣传广告，不一定要落款。如果是活动海报，要求署上主办单位的名称及海报的发文日期。

（四）广告海报的尺寸

1. 标准尺寸：13 cm×18 cm、19 cm×25 cm、30 cm×42 cm、42 cm×57 cm、50 cm×70 cm、60 cm×90 cm、大四开、正四开等；

2. 常见尺寸是 42 cm×57 cm、50 cm×70 cm 等；

3. 特别常见的是 50 cm×70 cm。

当然，广告海报的尺寸可以视需要自行设定，这里要注意分辨率的问题，如果要做大幅海报,分辨率过低可能会使得图像变模糊。

【案例操作】

要制作出广告海报,具体操作步骤如下所示。

一、创建所需版式的文件

1. 新建文件。打开飞腾创艺软件,在工具条中单击"新建"(Ctrl+N)按钮,或者单击【文件】/【新建】,弹出"新建文件"对话框。此时设置"页数"为"1","页面大小"为"A4",勾选"单面印刷","纸张方向"设置为"横向","排版方向"设置为"横向","页面边距"设置为"10mm",如图 10.1.1 所示:

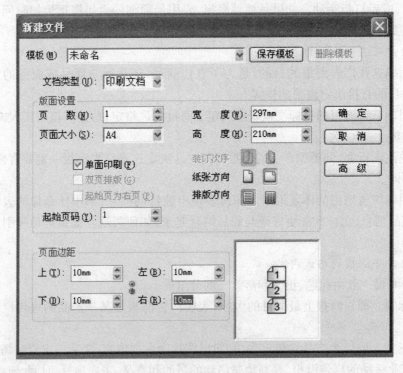

图 10.1.1

2. 单击"高级"按钮,或选择【文件】/【版面设置】来操作,弹出"高级"对话框。此时显示"版心背景格","版心调整类型"选择"自动调整版心","背景格"可以根据个人喜好自行修改,本案例选择默认,即"方格"、"银灰色"。选择"标记和出血",勾选"全部标记","出血"值默认为 3mm,"警戒内空"默认为 2mm。选择"缺省字属性",按需要设置字体、字号、字距和行距,本案例选择默认(排入的文字会根据需要自行调整,无须在这里设置)。如图 10.1.2 所示:

3. 单击"确定"按钮,返回到"新建文件"对话框,再单击"确定",完成新建文件的操作。如图 10.1.3 所示:

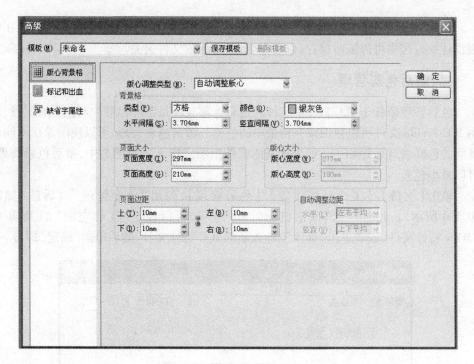

图 10.1.2

图 10.1.3

4. 单击保存按钮 （Ctrl+S），或者单击【文件】/【保存】，来保存新建文件。在海报设计的过程中可以随时保存，以免发生意外，导致文件丢失。

二、激活色彩管理

色彩管理依赖于 ICC Profile 文件。色彩管理文件是国际标准的对色彩的配置，使用 ICC Profile 文件可以使图像获得最小的色差。激活色彩管理，可以使图像在不同设备间的色样表现始终如一。如果从其他软件把图像排入飞腾创艺中，激活色彩管理，可以减小色差。

单击【文件】/【工作环境设置】/【色彩管理】，弹出"色彩管理"对话框（如图10.1.4 所示）。此时勾选"激活色彩管理"选项，可以设定"工作空间"的 RGB 和 CMYK 特性文件，或者单击"导入"，导入新的 ICC 特性文件，然后单击"确定"即可。

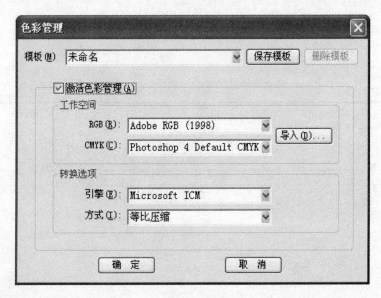

图 10.1.4

三、制作底图

【小贴示】

制作海报的过程中，可以从版面标尺处拖出垂直或水平提示线，方便对齐或者是固定对象的位置。

底图可以是图像，也可以是简单的背景图。本案例中是绘制的背景图。

1. 绘制矩形。单击矩形工具，在版面上画一个大小覆盖版面的矩形。

2. 填充颜色。选中矩形，单击右键，在菜单中选择"颜色"，弹出"颜色"浮动窗口。选中"渐变色"和"底纹"，如图10.1.5 所示：

3. 在"渐变类型"中选择"双线性渐变",调节颜色,同时设置边框为"无色"。效果如图 10.1.6 所示:

图 10.1.5

图 10.1.6

【小贴示】

如果经常使用到某种颜色,可以将该颜色定义为色样,以后使用时可以直接调用。在"颜色"浮动窗口中,单击"存为色样"按钮,弹出"存为色样"对话框,设置颜色值,并取"色样名称",单击确定即可。这时在"色样"浮动窗口中就可以看到新建的色样了。

4. 底图羽化。选中底图,单击右键,在子菜单中选择"羽化"(快捷键 Ctrl+Alt+D),弹出"羽化"对话框(如图 10.1.7 所示),勾选"羽化"选项,激活其他设置选项。此时设置宽度为"4mm",角效果默认为"扩散"。

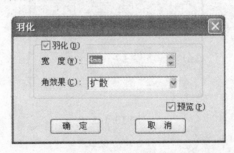

图 10.1.7

5. 单击"确定"按钮即可完成设置。羽化后的底图边框会显得更加柔和自然,如图 10.1.8 所示:

图 10.1.8

本案例中底图是绘制的背景图,颜色效果也比较淡,不用设置"不透明度"。如果是导入图片做背景图,为了让背景图不与主体效果冲突,需要设置底图的"不透明度",也就是要让图片的"不透明度"减小。选中图片,单击右键选择"透明",弹出"透明"对话框,如图10.1.9所示,自行设置即可。

图 10.1.9

　　6. 锁定底图。选中背景图,单击控制面板中的"普通锁定"按钮🔒,将背景图固定在版面上,确保底图的相关设置不会被修改,如颜色、位置、形状等。锁定后的对象控制点变为实心点(如图10.1.10所示),这样底图的设置就完成了。

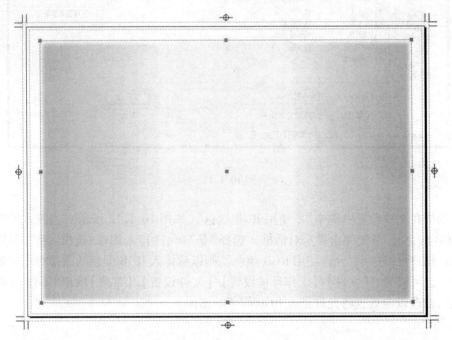

图 10.1.10

四、排入图像

1. 检查图像。排入飞腾创艺的每张图片都要先检查一下,也就是说检查图像是否符合印刷要求。要确保图像的分辨率、大小、颜色模式和清晰度符合规格。所有制作广告海报的图像都应该统一放在一个文件夹当中,方便查找。

2. 排入图像。检查完图像,如果都符合标准就可以排入到版面中。单击工具条中的"排入图像"按钮 ![按钮],弹出"排入图像"对话框,如图 10.1.11 所示。选择要置入的图像,可以按住 Ctrl 键或 Shift 键选取多个图像,一次性排入版面。选中"预览",可以查看选择的图片,在预览区域下方点击"检查图像信息"按钮,即可查看图像原始信息。然后单击"打开"按钮,此时光标变成排入图像状态 ![状态],在版面上单击即可排入这张图像。

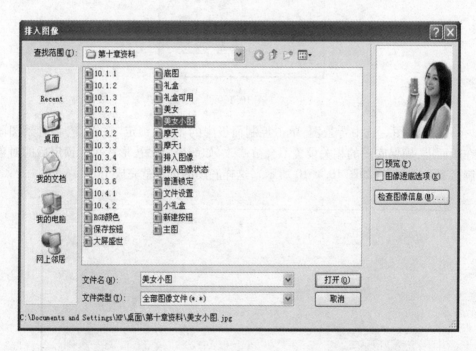

图 10.1.11

如果在文件设置里选中"不使用 RGB 颜色"(如图 10.1.12 所示),当排入的图像是 RGB 颜色时,系统弹出提示对话框。选择"是",允许排入图像;选择"否",不排入图像。用户可以选中"允许使用 RGB 颜色",则以后排入 RGB 颜色的图像时不再弹出提示。也可以通过【文件】/【工作环境设置】/【文件设置】/【常规】取消"不使用 RGB 颜色",修改设定后也将允许排入 RGB 颜色的图像。

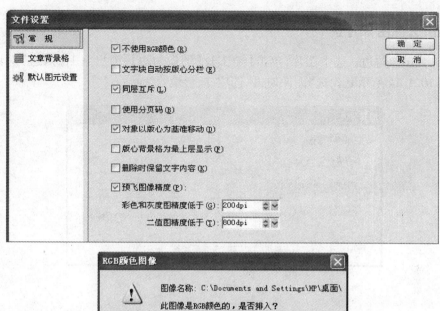

图 10.1.12

3. 调整图片的精度和位置。选中图片,单击右键,在菜单中选择"图像显示精度",选择"精细",让图像清晰显示。调整图片大小,按住 Shift 键等比例缩放图片大小,将图片放在版面的右侧,如图 10.1.13 所示:

图 10.1.13

五、去除图像背景

1. 为图像勾边。选中图片,单击【美工】/【图像勾边】,弹出"图像勾边"对话框(如图 10.1.14 所示),勾选"图像勾边"选项,激活设置。

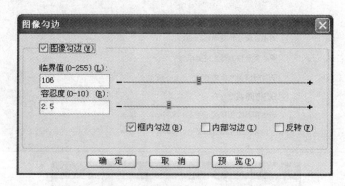

图 10.1.14

2. 设置"临界值"为"10","容忍度"为"0",单击"确定"按钮,将图片的白色背景去掉(如图 10.1.15 所示)。如果对勾边后的图像不够满意,,可以使用穿透工具。单击图像,此时会显示出图像的节点,拖动节点可以调整图像勾边轮廓,直到满意为止,如图 10.1.16 所示。

图 10.1.15

图 10.1.16

3. 羽化图像。选中勾边后的图像,单击右键,选择"羽化",会弹出"羽化"对话框,勾选"羽化"选项,激活设置。设置"宽度"为"1mm","角效果"默认为"扩散"。羽化过的图像会更加平滑、柔和。

4. 制作阴影效果。选中图像,单击右键,在弹出的菜单中选择"阴影",弹出"阴影"对话框(如图 10.1.17 所示),勾选"阴影"选项,激活设置。

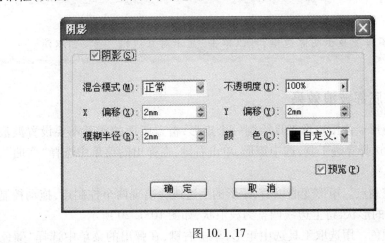

图 10.1.17

5. 设置阴影的"不透明度"为 40%，其他选项保持默认，单击"确定"按钮即可。这就为图像设置了阴影效果，让图像更加有立体感。效果如图 10.1.18 所示：

图 10. 1. 18

6. 成组。这个时候主图已经设置好了，如果不需要再做变动，可以单击右键，选择"成组"，将主图与底图组合起来，以免不小心被更改。

【小贴示】
　　如果不希望显示图像边框，可以单击"显示对象边框"⊡按钮取消。

六、制作底部波浪效果

1. 绘制矩形。使用矩形工具绘制一个矩形，覆盖版面的底部不要设置波浪效果的地方。然后选择穿透工具，选中矩形，单击右键，在弹出的菜单中选择"变曲"，如图 10. 1. 19 所示。

2. 调整控制点。矩形变曲以后，矩形的上边线会出现两个控制点，拖动控制点即可调整上边线的形状，将上边线调整为波浪状，如图 10. 1. 20 所示。

3. 填充颜色。用选取工具选中矩形，单击右键，在弹出的菜单中选择"颜色"，弹出"颜色"浮动窗口,如图 10.1.21 所示。勾选"单色"和"底纹",用颜色吸管工具吸取颜色条上的一种颜色,或者自行设置颜色值。案例中设置 C 为"0",M 为"63",Y 为"100",K 为"0"。勾选"边框",设置边框为"无色"。如图 10.1.22 所示。

图 10.1.19

图 10.1.20

图 10. 1. 21

图 10. 1. 22

七、绘制彩条

1. 绘制曲线。使用钢笔工具绘制贝塞尔曲线。单击确定第一个点，松开鼠标，到第二个点时按下鼠标，同时拖动鼠标，调整切线的方向和长短，即可调整曲线的弧度。然后将曲线画到起点，单击形成封闭的曲线。如图 10.1.23 所示：

图 10.1.23

2. 调整曲线弧度。选择穿透工具，单击曲线，拖动节点或控制柄，也可以增加或者删除控制点，调整曲线的形状，直到满意为止。如图 10.1.24 所示：

图 10.1.24

3. 填充颜色。使用选取工具选中曲线，单击右键，在菜单中选择"颜色"，弹出"颜色"调板，选中"底纹"和"单色"，设置颜色为"白色"，选中"边框"，设置边框为"无色"。这样就形成了一条白色的彩带。如图 10.1.25 所示。

图 10.1.25

八、制作手机组合图

1. 排入图像。按住 Ctrl 键或 Shift 键选择要置入的五张图像，单击"打开"按钮，即可将五张图像都排入到版面当中。

2. 图像精度。将五张图片全部精细显示，单击右键，在菜单中选择"图像显示精度"，选择"精细"。

3. 图像去背。将五张图片分别去掉白色背景。单击【美工】/【图像勾边】，在弹出的"图像勾边"对话框中设置"临界值"和"容忍度"。

4. 调整图像大小和位置。选中图像,调整控制点,调整图像的大小和位置。

5. 调整层次。选中蓝色手机图像,单击右键,在菜单中选择"层次",然后选择"上一层",将蓝色手机图像放在最上层,其他图像依次通过层次来调整,形成叠加状态。如图10.1.26所示。

【小贴示】
　　飞腾创艺可以将对象分组放在不同的层中操作,层与层之间是独立存在的,在一个层上的操作,不会影响到其他层。适当的使用层,可以方便操作。比如把设置好的、位置不变的对象放在同一层中,设置为"不可见",这一层就不会再被编辑,以免意外损坏刚编辑好的内容。层的运用还可以给某些对象精确定位,排完后再删除该层。

6. 对象成组。将拍好的五张图像成组,按住 Shift 键选中全部五张图像,单击右键,在菜单中选择"成组",即可将五张图像组成为一个对象,方便整体操作,如图10.1.27所示。

图 10.1.26

图 10.1.27

7. 制作阴影效果。选中成组后的图像,单击【美工】/【阴影】,在弹出的"阴影"对话框中勾选"阴影",激活设置。此时设置"混合模式"为"正常","X 偏移"、"Y 偏移"、"模糊半径"为"3mm","不透明度"设为"60%"即可。设置完阴影的图像会更有立体感,如图10.1.28所示。

图 10.1.28

8. 设置倒影效果。选中图像,单击控制面板中的"下边线镜像"按钮 ,将图像沿着下边线成倒影状,如图 10.1.29 所示。选中镜像图像,单击【美工】/【透明】,弹出"透明"对话框,勾选"渐变透明",设置"渐变角度"为"90"度,"渐变半径"为"100%","混合模式"为"叠底",调节渐变标签设置即可,如图 10.1.30 所示。然后按住 Shift 键选中原图和倒影图,单击右键,选择"成组",将两张图合并成一张图,效果如图 10.1.31 所示。

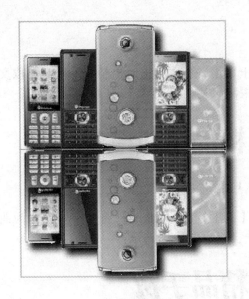

图 10. 1. 29

图 10. 1. 30

图 10. 1. 31

九、导入手机 logo

1. 排入手机 logo 图像。按照前面的方法,将图像排入到版面中。

2. 图像去背。将 logo 的白色背景去掉,如图 10.1.32 所示。

图 10.1.32

十、制作主题艺术字

1. 输入文字。选择文字工具,在版面上单击,输入"打造时尚精品手机",刷取文字,将字号设为"特号",字体设为"方正粗宋简体",如图 10.1.33 所示:

打造时尚精品手机

图 10.1.33

2. 设置透视效果。选中文字块,单击【美工】/【转为曲线】,将文字块转化为曲线。然后选择扭曲透视工具,调整透视形状,如图 10.1.34 所示:

打造时尚精品手机

图 10.1.34

3. 设置颜色。选中主题文字图形,单击右键,在弹出的菜单中选择"颜色",弹出"颜色"浮动窗口,设置颜色 C 为"0",M 为"63",Y 为"100",K 为"0",效果如图 10.1.35 所示。

打造时尚精品手机

图 10.1.35

4. 设置阴影效果。选中主题文字图形,单击【美工】/【立体阴影】,弹出"立体阴影"浮动窗口,如图 10.1.36 所示。勾选"透视",在"立体效果"下拉菜单中选择第一种,"底纹"选择"1"号,"透视深度"为"1%","X 方向偏移"为"0mm","Y 方向偏移"为"−4.07mm","颜色"设为 C 为"0",M 为"78",Y 为"93",K 为"58"即可,效果如图 10.1.37 所示。

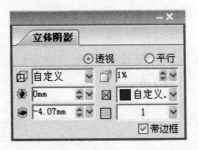

图 10.1.36

图 10.1.37

十一、制作其他文字

1. 输入文字。使用文字工具,在版面上分别输入"完美音质"和"时尚呼吸灯",形成两个文字块。设置字体为"方正粗圆简体",字号为"小二",字体颜色为"黑色",然后调整文字在版面中的位置,如图 10.1.38 所示。

完美音质　　　　时尚呼吸灯

图 10.1.38

2. 输入特殊符号。将光标放置在要加特殊符号的文字前面,单击【文字】/【插入符号】/【特殊符号】,或者单击【窗口】/【文字与段落】/【特殊符号】,弹出"特殊符号"浮动窗口,如图 10.1.39 所示。选择"常用符号",单击第四个符号即可,效果如图 10.1.40 所示。

图 10.1.39

§完美音质　　　　§时尚呼吸灯

图 10.1.40

315

十二、完成效果

将上面所做的内容,按住 Shift 键选中,单击右键"成组",这样就完成了这张广告海报的制作,效果如图 10.1.41 所示。

图 10.1.41

参考文献

[1] 范丽娟. 方正飞腾创艺 5.0 版面设计与制作项目教程. 北京:国防工业出版
社,2011.

[2] 黄秀华. 方正飞腾创艺 5.0 从新手到高手. 北京:清华大学出版社,2008.

[3] 李丽华,朱丽静. 实训教程方正飞腾创艺 5.0. 北京:航空工业出版社,2010.

[4] 钟星翔,申占龙,兰慧. 方正编辑/排版师飞腾创艺 5.0 标准教程. 北京:人
民邮电出版社,2008.

[5] 李颖,郭丽娜. 版式设计与实用技术. 北京:清华大学出版社,2011.

后　记

　　随着现代报业的发展迅速，读者对版面编排的要求也越来越高，方正飞腾（FanTart）创艺是北京北大方正电子有限公司研发的一款集图像、文字和表格于一体的综合性排版软件，具有强大的图形图像处理能力、人性化的操作模式、顶级中文处理能力和表格处理能力，能出色地表现版面设计思想，适于报纸、杂志、图书、宣传册和广告插页等各类出版物。作者所在的安徽大学新闻传播实验中心是国家级传媒类实验教学示范中心，十几年来一直开设《报刊电子采编》等课程，一直采用在报业用得最多的方正报业软件，并培养了许多理论与实践并重的人才。

　　写作本书，就是为了跟上报业软件发展的脚步，让最新的报业软件在实践教学中得以应用。

　　本书上篇陶丹丹主要编写第四章、第六章、第七章；秦茜主要编写第一章、第二章，张静主要编写第三章、第五章；下篇第八章由秦茜主要编写，第九章由陶丹丹主要编写，第十章由张静主要编写。感谢方正电子公司安徽分公司的束然总经理及合肥报业集团《合肥在线》副总编辑桂黎飞的大力协助和支持。感谢王文俊、成方俊宇、陈诺、孟筱萌、程蕾、徐亦舒、张莉玥、叶文丹、朱陶同学的校对工作。

　　由于时间仓促，笔者的知识也有限，书中不足之处与错误在所难免，希望广大专家学者、传媒一线的工作人员以及读者批评、指正。希望本书能对传媒类院校的实践教学工作起到推进作用。

　　本书的写作过程中，得到了合肥工业大学出版社朱移山副社长的大力支持与指导，感谢编辑魏亮瑜的帮助，感谢所有在本书编写过程中提供过帮助的人。

　　本教材获得安徽大学国家级实验教学中心建设项目资助。

岳　山

2013 年 8 月 18 日于安徽大学